卓越系列·21世纪高职高专精品规划教材
国家示范性高等职业院校核心课程特色教材

电气控制技术

Electric Control Technology

主　编:王　芹　王艳玲

副主编:陶立慧　兰茂龙

参　编:滕今朝　马光松　王　浩

王海瑛　林　平　闫　霞

天津大学出版社
TIANJIN UNIVERSITY PRESS

内容提要

本书以工作任务引领知识、技能和态度,使学生在完成工作任务的过程中学习专业知识,培养学生的综合职业能力,突出了"工学结合"的特色。

全书共分五个项目,项目一介绍了设备低压电气基本控制环节的安装与检修,项目二、三以机床电气控制电路的安装与检修、起重设备的电气控制电路安装与检修为例介绍了整机设备电气的安装与检修,项目四介绍了低压电气控制系统的设计,项目五介绍了电气设备(以 B2012 A 龙门刨床为例)大修工艺编制的内容。

本教材突出学生实践能力的培养,较好地体现了应用型人才培养的要求,适用于高职院校电气自动化技术专业、机电一体化专业及机电类专业师生使用,也可作为工程技术人员参考用书。

图书在版编目(CIP)数据

电气控制技术/王芹,王艳玲主编.—天津:天津大学出版社,2011.7(2017.6重印)

(卓越系列)

21 世纪高职高专精品规划教材

ISBN 978-7-5618-4029-0

Ⅰ.①电…　Ⅱ.①王…②王…　Ⅲ.①电气控制 – 高等职业教育 – 教材　Ⅳ.①TM921.5

中国版本图书馆 CIP 数据核字(2011)第 144464 号

出版发行	天津大学出版社
地　　址	天津市卫津路 92 号天津大学内(邮编:300072)
电　　话	发行部:022-27403647　邮购部:022-27402742
网　　址	www.tjup.com
印　　刷	廊坊市海涛印刷有限公司
经　　销	全国各地新华书店
开　　本	185mm×260mm
印　　张	11.25
字　　数	281 千
版　　次	2011 年 8 月第 1 版
印　　次	2017 年 6 月第 2 次
定　　价	28.00 元

前　言

　　基于高职教育必须主动适应职业岗位需求,研究实施"工学结合"人才的培养模式和基于工作过程的课程建设及改革的指导思想,根据从事维修电工岗位的能力要求,编写了《电气控制技术》教材。本教材采用"任务驱动"教学模式,在取材和编写的过程中,精简并整合了理论知识部分的内容,注重和强化实际动手操作环节,强调使学生"学以致用",使其所学技能具有可持续发展性。

　　教材在编写过程中,基于制造业的工业背景,与企业紧密合作,深入分析相关岗位工作任务及职业能力需求,围绕设备低压电气控制与检修的岗位能力要求,依据课程"源于企业、高于企业、用于企业"的内容选取原则,基于学生认知规律设置基本控制环节的安装与检修、机床电气控制电路的安装与检修、起重设备电气控制电路的安装与检修、低压电气控制系统的设计、电气设备(以 B2012 A 龙门刨床为例)大修工艺编制五个项目。教材内容由浅入深,合理地安排知识点、技能点及拓展环节,结合岗位中的实例作为教学任务,教学过程注重过程评价,着重培养学生控制电路的读图识图、低压电器认知、电路安装调试、故障检修等技能型人才所必需的职业能力,提高学生的职业素质,培养学生的创新意识。

　　在项目一基本控制环节的安装与检修中,通过 4 个任务的学习及训练,着重讲解电动机最基本的控制电路,突出学生对基本控制电路安装与调试的训练,理论学习贯穿实际操作过程的始终,使学生在整个学习过程中,既能掌握专业基础知识,又提高了动手操作技能,也为后面的整机控制电路的学习打下基础;项目二机床电气控制电路的安装与检修及项目三起重设备电气控制电路的安装与检修,通过整机电路的安装与检修,主要锻炼学生排除故障、解决实际问题的能力,将所学的知识真正应用到实际工作中;项目四低压电气控制系统的设计,旨在让学生掌握低压电气控制系统设计的方法和原则;项目五 B2012 A 龙门刨床大修工艺编制,通过 B2012 A 龙门刨床大修方案的制订训练,了解电气设备大修施工方案。

　　每个任务的提出采用任务目标、任务描述的方法,能够激发学生的求知欲,调动学生主动学习,相关知识和任务解决方案将知识和技能有效结合,符合高职"工学结合"人才培养模式的指导思想。知识拓展,使学生将所学知识迁移到新的学习对象上,任务小结、巩固与提高环节使学生巩固所学的知识。项目导向、任务驱动的教学内容,便于组织教学,加深理解,提高学习效果。本书坚持结构层次递进,语言表述尽量浅显易懂,符合职业能力的培养规律。

　　本书由威海职业学院王芹、王艳玲主编并统稿,陶立慧、兰茂龙为副主编,滕今朝、马光松、王浩、王海瑛、林平、闫霞参与了编写。其中,项目一由陶立慧、马光松编写;项目二由王艳玲、滕今朝、王芹编写;项目三由兰茂龙、王芹编写;项目四由滕今朝、王浩编写,项目五由兰茂龙编写,附录由王浩、王海瑛编写。

在本书的编写过程中,注重企业调研,广泛征求企业工程技术人员的意见,威海北洋电气集团高级工程师高明、山东蓝星玻璃集团工程师林平及闫霞提供了大量资料和帮助,在此表示衷心感谢。

由于编者水平所限,书中难免存在错误和不妥之处,敬请广大读者批评指正。

本书有配套的电子课件与教案,可发邮件至 hxj8321@126.com 免费索取。

编者

2011 年 2 月

课程目标与要求

☐ 课程目标

通过本课程的学习,学生能够:
- 正确并熟练地使用常用电工工具、电工仪表;
- 识别、选择、使用、维修与调整常用低压电器;
- 识读、绘制中等复杂程度的电气控制系统图;
- 独立安装与检修设备低压电气电路,安装检修设备电气系统;
- 按照企业要求对电气设备进行巡查、保养;
- 处理各种电气设备安全事故;
- 快速处理电气设备在生产过程中出现的电气故障;
- 正确使用国家相应的标准,获取相关知识;
- 爱岗敬业、诚实守信;
- 达到《维修电工》(中级)国家职业资格鉴定的能力要求。

☐ 教材内容

根据工作任务驱动教学的课程设计理念,围绕工作任务的完成来编排教学内容及训练项目,所有任务载体均来自半岛制造企业,结构设计合理,内容选取科学,针对性强,以由简单到复杂的项目组成,将知识和技能的培养贯穿其中,符合任务驱动、教学做一体化的教学要求。

以项目为导向设计教学内容和教学方案,根据学生的认知规律由简单到复杂、由单一向综合,工作任务按照学习的难度和复杂性呈递进关系,使学生的理论学习能力、工作技能和社会能力不断提高,并使学生真正满足企业设备电气维修电工职业能力发展的要求。

内容由简单到复杂,由单一到综合

教材内容组织安排

围绕维修电工岗位能力的要求,设计出基本控制环节的安装与检修、机床电气控制电路的安装与检修、起重设备的电气控制电路安装与检修、低压电气控制系统的设计、电气设备大修工艺编制五个项目,以及 CA6140 车床控制电路的安装与检修等 11 个任务。

□ 职业道德与安全意识

通过本课程的学习,学生应建立如下职业道德和安全意识。

(1)电气维修人员必须具备电路基础知识,严格遵守《电工安全操作规程》,熟悉设备的安装位置、特性、电气控制原理及操作方法,不允许在未查明故障及未有安全措施的情况下盲目试机。

(2)在使用仪表测试电路时,应先调好仪表相应挡位,确认无误后才能进行测试。

(3)电气装置在使用前,应确认其符合相应环境要求和使用等级要求。用电设备和电气电路的周围应留有足够的安全通道和工作空间。电气装置附近不应堆放易燃、易爆和腐蚀性物品。正常使用时会产生飞溅火花、灼热飞屑或外壳表面温度较高的用电设备,应远离易燃物品或采取相应的密闭、隔离措施。

(4)维修设备时,必须首先通知操作人员,在停车后切断设备电源,把熔断器取下,挂上标示牌,方可进行检修工作。检修完毕应及时通知操作人员。

(5)电气设备发生火灾时,要立刻切断电源,并使用四氯化碳或二氧化碳灭火器灭火,严禁带电用水或用泡沫灭火器灭火。当发生人身触电事故时,应立即断开电源,使触电人员与带电部分脱离,并立即进行急救。在切断电源之前禁止其他人员直接接触触电人员。

(6)每次维修结束时,必须清点所带工具、零件,清除工作场地所有杂物,以防遗失和留在设备内造成事故。

(7)当保护装置动作或熔断器的熔体熔断后,应先查明原因、排除故障,并确认电气装置已恢复正常后才能重新接通电源、继续使用。

□ 教材适用范围

本教材适用于推行行动导向教学模式的高职院校的学生、企业工程人员及具有一定电工电子基础者使用。

目　　录

项目一 基本控制环节的安装与检修

▶ 任务1.1 异步电动机直接启动控制电路的安装与检修

一、任务目标

学习了本任务后,你将具备安装、调试和检修异步电动机直接启动控制电路的能力。

➢ 了解低压电器包括刀开关、熔断器、热继电器、按钮和交流接触器的结构和工作原理;

➢ 了解异步电动机直接启动多种控制方式的工作原理;

➢ 掌握异步电动机直接启动电路的安装方法和技能;

➢ 掌握异步电动机直接启动电路排除故障的方法和技能。

二、任务描述

1. 任务要求

识读多个异步电动机直接启动控制电路图,要求使用常用电工工具,遵照电气安装及检测工艺规范,对异步电动机多种典型直接启动控制电路进行安装、调试和故障检修。

2. 新知识点简介

低压断路器、熔断器、交流接触器、行程开关、按钮和热继电器的结构和工作原理;万用表、螺丝刀、尖嘴钳、斜口钳、剥线钳、压线钳等工具的使用方法;异步电动机直接启动控制电路的工作原理及其安装和检修方法。

三、相关知识

(一)认识低压电器

1. 低压断路器

低压断路器也称自动空气开关,可用来接通和分断负载电路,也可用来控制不频繁启动的电动机。它的功能相当于闸刀开关、过电流继电器、失压继电器、热继电器及漏电保护器等电气部分或全部的功能总和,是低压配电网中一种重要的保护电器。

低压断路器具有多种保护功能(过载、短路、欠电压保护等)、动作值可调、分断能力高、操作方便、安全等优点,所以目前被广泛应用。

1)结构和工作原理

低压断路器由操作机构、触点、保护装置(各种脱扣器)、灭弧系统等组成。低压断路器的外形、图形符号和文字符号见图1.1.1,工作原理如图1.1.2所示。

低压断路器的主触点是靠手动操作或电动合闸操作。主触点闭合后,自由脱扣机构将主

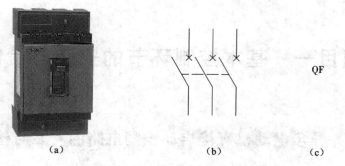

图 1.1.1　低压断路器图形符号和文字符号

(a)外形　(b)图形符号　(c)文字符号

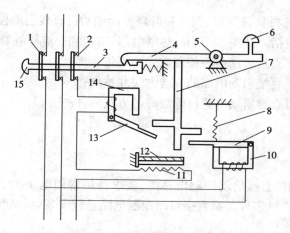

图 1.1.2　低压断路器工作原理图

1—动触头　2—静触头　3—锁扣　4—搭扣　5—转轴座　6—停止按钮　7—杠杆
8—拉力弹簧　9—欠电压脱扣器衔铁　10—欠电压脱扣器　11—热元件　12—热双金属片
13—电磁脱扣器衔铁　14—电磁脱扣器　15—接通按钮

触点锁在合闸位置上。过电流脱扣器的线圈和热脱扣器的热元件与主电路串联,欠电压脱扣器的线圈和电源并联。当电路发生短路或严重过载时,过电流脱扣器的衔铁吸合,使自由脱扣机构动作,主触点断开主电路;当电路过载时,热脱扣器的热元件发热使双金属片向上弯曲,推动自由脱扣机构动作;当电路欠电压时,欠电压脱扣器的衔铁释放,也使自由脱扣机构动作。

2)低压断路器的典型产品

低压断路器主要是以结构形式分类,分为开启式和装置式两种。开启式又称为框架式或万能式,装置式又称为塑料壳式。

(1)装置式断路器。装置式断路器有绝缘塑料外壳,内装触点系统、灭弧室及脱扣器等,可手动或电动(对大容量断路器而言)合闸。有较高的分断能力和动稳定性,有较完善的选择性保护功能,广泛应用于配电电路中。

目前常用的此类断路器有 DZ15、DZ20、DZX19 和 C45 N(目前已升级为 C65 N)等系列产品。其中 C45 N(C65 N)断路器具有体积小、分断能力高、限流性能好、操作轻便、型号规格齐全等优点,并可以方便地在单极结构基础上组合成二极、三极、四极断路器,广泛使用在 60 A 及以下的民用照明支干线及支路中(多用于住宅用户的进线开关及商场照明支路开关)。

(2)框架式低压断路器。框架式断路器一般容量较大,具有较高的短路分断能力和较高的动稳定性。适用于交流 50 Hz,额定电压 380 V 的配电网络中作为配电干线的主保护。

框架式断路器主要由触点系统、操作机构、过电流脱扣器、分励脱扣器及欠压脱扣器、附件及框架等部分组成,全部组件进行绝缘后装于框架结构底座中。

目前我国常用的有 DW15、ME、AE、AH 等系列的框架式低压断路器。DW15 系列断路器是我国自行研制生产的,全系列具有 1 000 A、1 500 A、2 500 A 和 4 000 A 等几个型号。

ME、AE、AH 等系列断路器是利用引进技术生产的。它们的规格型号较为齐全(ME 开关电流等级从 630 ~ 5 000 A 共 13 个等级),额定分断能力较 DW15 更强,常用于低压配电干线的主保护。

(3)智能化断路器。目前,国内生产的智能化断路器有框架式和塑料外壳式两种。框架式智能化断路器主要用于智能化自动配电系统中的主断路器,塑料外壳式智能化断路器主要用在配电网络中分配电能和作为电路及电源设备的控制与保护,亦可用作三相笼型异步电动机的控制。智能化断路器的特征是采用了以微处理器或单片机为核心的智能控制器(智能脱扣器),它不仅具备普通断路器的各种保护功能,同时还具备实时显示电路中的各种电气参数(电流、电压、功率、功率因数等),对电路进行在线监视、自行调节、测量、试验、自诊断、通信等功能,能够对各种保护功能的动作参数进行显示、设定和修改,保护电路动作时的故障参数能够存储在非易失存储器中以便查询,国内 DW45、DW40、DW914(AH)、DW18(AE-S)、DW48、DW19(3WE)、DW17(ME)等智能化框架断路器和智能化塑壳断路器,都配有 ST 系列智能控制器及配套附件,ST 系列智能控制器是原国家机械工业部"八五"至"九五"期间的重点项目。产品性能指标达到国际 20 世纪 90 年代的先进水平。它采用积木式配套方案,可直接安装于断路器本体中,无须重复二次接线,并可多种方案任意组合。

3)低压断路器的选用原则

(1)根据电路保护的要求,确定断路器的类型和保护形式。

(2)断路器的额定电压 U_N 应等于或大于被保护电路的额定电压。

(3)断路器欠压脱扣器额定电压应等于被保护电路的额定电压。

(4)断路器的额定电流及过流脱扣器的额定电流应大于或等于被保护电路的计算电流。

(5)断路器的极限分断能力应大于电路的最大短路电流的有效值。

(6)配电电路中的上、下级断路器的保护特性应协调配合,下级的保护特性应位于上级保护特性的下方且不相交。

(7)断路器的长延时脱扣电流应小于导线允许的持续电流。

2.熔断器

熔断器是一种简单而有效的保护电器。在电路中主要起短路保护作用。

熔断器主要由熔体和安装熔体的绝缘管(绝缘座)组成。使用时,熔体串接于被保护的电路中,当电路发生短路故障时,熔体被瞬时熔断而分断电路,起到保护作用。

1)常用的熔断器

(1)插入式熔断器。插入式熔断器的结构及符号如图 1.1.3 所示,它常用于 380 V 及以下电压等级的电路末端,作为配电支线或电气设备的短路保护用。

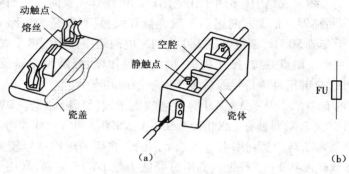

图 1.1.3　插入式熔断器

(a)结构图　(b)表示符号

(2)螺旋式熔断器。螺旋式熔断器的结构如图 1.1.4 所示。熔体上的上端盖有一熔断指示器,一旦熔体熔断,指示器马上弹出,可透过瓷帽上的玻璃孔观察到,它常用于机床电气控制设备中。此熔断器分断电流较大,可用于电压等级 500 V 及其以下、电流等级 200 A 以下的电路中,作为短路保护用。

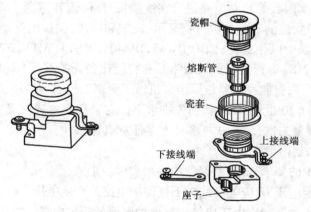

图 1.1.4　螺旋式熔断器结构图

(3)封闭式熔断器。封闭式熔断器分无填料熔断器和有填料熔断器两种,如图 1.1.5 和图 1.1.6 所示。有填料封闭式熔断器一般用方形瓷管,内装石英砂及熔体,分断能力强,用于电压等级 500 V 以下、电流等级 1 kA 以下的电路中。无填料密闭式熔断器将熔体装入密闭式圆筒中,分断能力稍小,用于 500 V 以下、600 A 以下的电力网或配电设备中。

(4)快速熔断器。它主要用于半导体整流元件或整流装置的短路保护。由于半导体元件的过载能力很低,只能在极短时间内承受较大的过载电流,因此要求短路保护具有快速熔断的能力。快速熔断器的结构和有填料封闭式熔断器基本相同,但熔体材料和形状不同,它是以银片冲制的有 V 形深槽的变截面熔体。

(5)自复熔断器。自复熔断器采用金属钠作为熔体,在常温下具有高电导率。当电路发生短路故障时,短路电流产生高温使钠迅速气化,气态钠呈现高阻态,从而限制了短路电流。

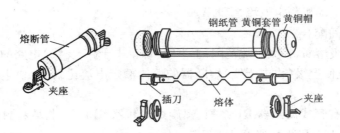

图 1.1.5 无填料密闭管式熔断器

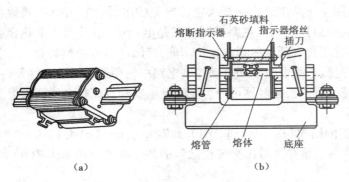

（a）　　　　　　　　　　（b）

图 1.1.6 有填料封闭管式熔断器
（a）熔管 （b）整体结构

当短路电流消失后,温度下降,金属钠恢复原来良好的导电性能。自复熔断器只能限制短路电流,不能真正分断电路。其优点是不必更换熔体,能重复使用。

2)熔断器的选择

在现实工作中,主要依据负载的保护特性和短路电流的大小选择熔断器的类型。对于容量小的电动机和照明支线,常采用熔断器作为过载及短路保护,因而希望熔体的熔化系数适当小些,通常选用有铅锡合金熔体的 RQA 系列熔断器。对于较大容量的电动机和照明干线,则应着重考虑短路保护和分断能力,通常选用具有较高分断能力的 RM10 和 RL1 系列的熔断器;当短路电流很大时,宜采用具有限流作用的 RT0 和 RT12 系列的熔断器。熔体的额定电流可按以下方法进行选择。

（1）保护无启动过程的平稳负载(如照明电路、电阻、电炉等)时,熔体额定电流略大于或等于负荷电路中的额定电流。

（2）保护单台长期工作的电机熔体电流可按最大启动电流选取,也可按下式选取：

$$I_{RN} \geq (1.5 \sim 2.5) I_N$$

式中：I_{RN}——熔体额定电流,A;

　　　I_N——电动机额定电流,A。

如果电动机启动频繁,式中系数可适当加大至 3 ~ 3.5,具体应根据实际情况而定。

（3）保护多台长期工作的电机(供电干线)时,熔体电流可按下式选取：

$$I_{RN} \geq (1.5 \sim 2.5) I_{Nmax} + \Sigma I_N$$

式中：I_{Nmax}——容量最大的单台电机的额定电流,A;

ΣI_N——其余电动机额定电流之和,A。

3)熔断器的级间配合

为防止发生越级熔断、扩大事故范围,上下级(即供电干路、支线)电路的熔断器间应有良好配合。选用时,应使上级(供电干线)熔断器的熔体额定电流比下级(供电支线)的大 1~2 个级差。

常用的熔断器有管式熔断器 R1 系列、螺旋式熔断器 RL1 系列、填料封闭式熔断器 RT0 系列及快速熔断器 RS0、RS3 系列等。

3.接触器

接触器是一种用于自动接通或断开大电流电路的电器。它可以频繁地接通或分断交直流电路,并可实现远距离控制。其主要控制对象是电动机,也可用于电热设备、电焊机、电容器组等其他负载。它还具有低电压释放保护功能,接触器具有控制容量大、过载能力强、寿命长、设备简单经济等特点,是电力拖动自动控制电路中使用最广泛的电气元件。

按照所控制电路的种类,接触器可分为交流接触器和直流接触器两大类。

1)交流接触器

(1)交流接触器的结构与工作原理。图 1.1.7(a)、(b)、(c)为 CJ10-20 型交流接触器的结构剖析图,从图中可以清楚地看出交流接触器的各个部件。图 1.1.7(d)为 CJ10-20 型交流接触器的外形图。

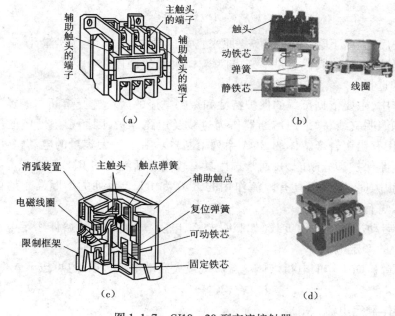

图 1.1.7　CJ10-20 型交流接触器
(a)、(b)、(c)结构图　(d)外形图

①电磁机构　电磁机构由线圈、动铁芯(衔铁)和静铁芯组成,其作用是将电磁能转换成机械能,产生电磁吸力带动触点动作,其动作原理如图 1.1.8 所示。从上下图的比较可以看出通电之后电磁机构的变化。

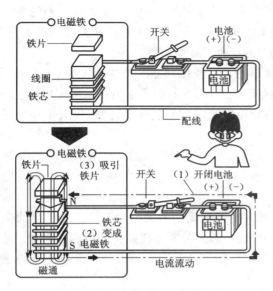

图 1.1.8　电磁机构的动作原理

注:图中(1)、(2)、(3)代表动态动作

②触点系统　包括主触点和辅助触点。主触点用于通断主电路,通常为三对常开触点。辅助触点用于控制电路,起电气联锁作用,故又称联锁触点,一般常开、常闭各两对。

③灭弧装置　容量在 10 A 以上的接触器都有灭弧装置,对于小容量的接触器,常采用双断口触点灭弧、电动力灭弧、相间弧板隔弧及陶土灭弧罩灭弧。对于大容量的接触器,采用纵缝灭弧罩及栅片灭弧。

④其他部件　包括反作用弹簧、缓冲弹簧、触点压力弹簧、传动机构及外壳等。

电磁式接触器的工作原理为:线圈通电后,在铁芯中产生磁通及电磁吸力,此电磁吸力克服弹簧反力使得衔铁吸合,带动触点机构动作,常闭触点打开,常开触点闭合,互锁或接通电路;线圈失电或线圈两端电压显著降低时,电磁吸力小于弹簧反力,使得衔铁释放,触点机构复位,断开电路或解除互锁。

(2)交流接触器的分类。交流接触器的种类很多,其分类方法也不尽相同,主要有以下几种

①按主触点极数分　可分为单极、双极、三极、四极和五极接触器。单极接触器主要用于单相负荷,如照明负荷、焊机等,在电动机能耗制动中也可采用;双极接触器用于绕线式异步电机的转子回路中,启动时用于短接启动绕组;三极接触器用于三相负荷,例如在电动机的控制及其他场合,使用最为广泛;四极接触器主要用于三相四线制的照明电路,也可用来控制双回路电动机负载;五极交流接触器用于组成自耦补偿启动器或控制双笼型电动机,以变换绕组接法。

②按灭弧介质分　可分为空气式接触器和真空式接触器等。依靠空气绝缘的接触器用于一般负载,而采用真空绝缘的接触器常用在煤矿、石油、化工企业及电压在 660 V 和 1 140 V 等一些特殊的场合。

③按有无触点分　可分为有触点接触器和无触点接触器。常见的接触器多为有触点接

触器,而无触点接触器属于电子技术应用的产物,一般采用晶闸管作为回路的通断元件。由于晶闸管导通时所需的触发电压很小,而且回路通断时无火花产生,因而可用于高操作频率的设备和易燃、易爆、无噪声的场合。

(3)交流接触器的基本参数。交流接触器的基本参数主要包括如下几项。

①额定电压 指主触点额定工作电压,应等于负载的额定电压。一只接触器常规定几个额定电压,同时列出相应的额定电流或控制功率。通常,最大工作电压即为额定电压。常用的额定电压值为220、380、660 V等。

②额定电流 指接触器触点在额定工作条件下的电流值。380 V三相电动机控制电路中,额定工作电流可近似等于控制功率的两倍。常用额定电流等级为5、10、20、40、60、100、150、250、400、600 A等。

③通断能力 可分为最大接通电流和最大分断电流。最大接通电流是指触点闭合时不会造成触点熔焊时的最大电流值;最大分断电流是指触点断开时能可靠灭弧的最大电流。一般通断能力是额定电流的5～10倍,当然,这一数值与开断电路的电压等级有关,电压越高,通断能力越小。

④动作值 可分为吸合电压和释放电压。吸合电压是指接触器吸合前,缓慢增加吸合线圈两端的电压,接触器可以吸合时的最小电压。释放电压是指接触器吸合后,缓慢降低吸合线圈的电压,接触器释放时的最大电压。一般规定,吸合电压不低于线圈额定电压的85%,释放电压不高于线圈额定电压的70%。

⑤吸引线圈额定电压 指接触器正常工作时,吸引线圈上所加的电压值。一般该电压数值以及线圈的匝数、线径等数据均标于线包上,而不是标于接触器外壳铭牌上,使用时应加以注意。

⑥操作频率 接触器在吸合瞬间,吸引线圈需消耗比额定电流大5～7倍的电流,如果操作频率过高,则会使线圈严重发热,直接影响接触器的正常使用。为此,规定了接触器的允许操作频率,一般为每小时允许操作次数的最大值。

⑦寿命 包括电气寿命和机械寿命。目前接触器的机械寿命已达一千万次以上,电气寿命是机械寿命的5%～20%。

2)直流接触器

直流接触器的结构和工作原理基本上与交流接触器相同。在结构上也是由电磁机构、触点系统和灭弧装置等部分组成。由于直流电弧比交流电弧难以熄灭,直流接触器常采用磁吹式灭弧装置灭弧。

3)接触器的型号

例如,CJ10Z－40/3代表交流接触器,设计序号10,重任务型,额定电流40 A,主触点为3极。CJ12T－250/3为改型后的交流接触器,设计序号12,额定电流250 A,主触点为3极。

交流接触器的型号剖析见图1.1.9。直流接触器的型号剖析见图1.1.10。

我国生产的交流接触器常用的有CJ10、CJ12、CJX1、CJ20等系列及其派生系列产品,CJ0系列及其改型产品已逐步被CJ20、CJX系列产品取代。上述系列产品一般具有三对常开主触点,常开、常闭辅助触点各两对。直流接触器常用的有CZ0系列,分单极和双极两大类,常开、常闭辅助触点各不超过两对。

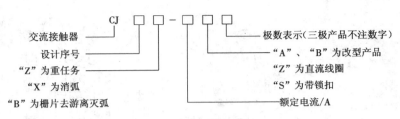

图 1.1.9 交流接触器型号剖析

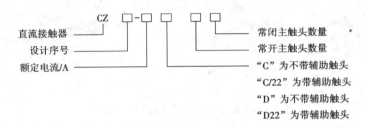

图 1.1.10 直流接触器型号剖析

除以上常用系列外,我国近年来还引进了一些生产线,生产了一些满足 IEC 标准的交流接触器,下面予以简单介绍。

CJ12B-S 系列锁扣接触器用于交流频率 50 Hz、电压 380 V 及以下、电流 600 A 及以下的配电电路中,供远距离接通和分断电路用,并适宜于不频繁地启动和停止交流电动机,具有正常工作时吸引线圈不通电、无噪声等特点。其锁扣机构位于电磁系统的下方。锁扣机构靠吸引线圈通电,吸引线圈断电后靠锁扣机构保持在锁住位置。由于线圈不通电,不仅无电力损耗,而且消除了磁噪声。

4. 行程开关

行程开关又称限位开关,其图形符号和文字符号如图 1.1.11 所示。行程开关用于控制机械设备的行程及限位保护。在实际生产中,将行程开关安装在预先安排的位置,当装于生产机械运动部件上的模块撞击行程开关时,行程开关的触点动作,实现电路的切换。因此,行程开关是一种根据运动部件的行程位置而切换电路的电器,它的作用原理与按钮类似。行程开关广泛用于各类机床和起重机械中,用以控制其行程、进行终端限位保护。在电梯的控制电路中,还利用行程开关控制开关轿门的速度、自动开关门的限位、轿厢的上下限位保护等。

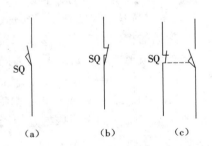

图 1.1.11 行程开关图形
符号与文字符号
(a)常开式行程开关 (b)常闭式行程开关
(c)联动式行程开关

行程开关按其结构形式可分为直动式、滚轮式、微动式和组合式。滚轮式行程开关见图 1.1.12 所示。

行程开关可按下列要求进行选用。

(1)根据应用场合及控制对象选择,有一般用途行程开关和起重设备用行程开关。

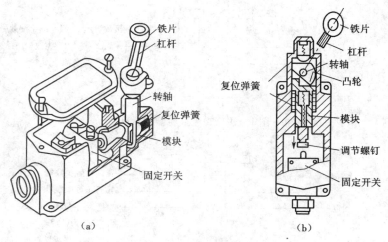

图 1.1.12　滚轮式行程开关图
(a)结构图　(b)原理图

(2)根据安装环境选择结构形式,如开启式、防护式等。

(3)根据机械运动与行程开关相互间传力与位移的关系选择合适的操作头形式。

(4)根据控制回路的电压与电流选择。

常用行程开关的型号有 LX5、LX10、LX19、LX31、LX32、LX33、LXW – 11 和 JLXK1 等系列。

5. 按钮

控制按钮是一种具有储能(弹簧)复位的手动控制电器。它只能短时接通或分断 5 A 以下的小电流电路,主要用于控制电路中远距离发出指令或信号去控制接触器、继电器等电器,再由它们去实现电路的分合及电气联锁。控制铵钮的种类很多,按结构形式分可分为揿钮式、紧急式、钥匙式、旋钮式、带灯式和打碎玻璃按钮。

常用的控制按钮有 LA2、LA18、LA20、LAY1 和 SFAN-1 型系列按钮。其中 SFAN – 1 型为消防打碎玻璃按钮。LA2 系列为仍在使用的老产品,新产品有 LA18、LA19、LA20 等系列。其中 LA18 系列采用积木式结构,触点数目可按需要拼装至六常开六常闭,一般装成二常开二常闭。LA19、LA20 系列有带指示灯和不带指示灯两种,前者按钮帽用透明塑料制成,兼作指示灯罩。按钮选择的主要依据是使用场所、所需要的触点数量、种类及颜色。按钮开关的外形、结构及文字符号见图 1.1.13。

6. 热继电器

热继电器(FR)主要用于电力拖动系统中电动机负载的过载保护。

电动机在实际运行中,常会遇到过载情况,但只要过载不严重、时间短,绕组不超过允许的温升,这种过载是允许的。但如果过载情况严重、时间长,则会加速电动机绝缘的老化,缩短电动机的使用年限,甚至烧毁电动机,因此必须对电动机进行过载保护。

1)热继电器的结构与工作原理

热继电器主要由热元件、双金属片和触点组成,如图 1.1.14 所示。热元件由发热电阻丝做成。双金属片由两种热膨胀系数不同的金属辗压而成,当双金属片受热时,会出现弯曲变

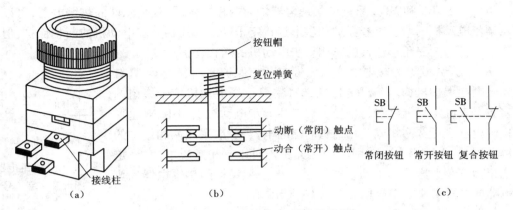

图 1.1.13　按钮的外形、结构及符号

（a）外形图　（b）结构图　（c）图形符号

形。使用时，把热元件串接于电动机的主电路中，而常闭触点串接于电动机的控制电路中。

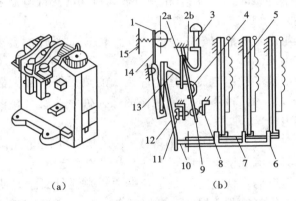

图 1.1.14　热继电器外形及结构

（a）外形图　（b）结构图

1—电流调节凸轮　2—片簧　3—手动复位按钮　4—弓簧　5—主双金属片　6—外导板

7—内导板　8—静触头　9—动触头　10—杠杆　11—复位调节螺钉

12—温度补偿双金属片　13—推杆　14—连杆　15—压簧

　　当电动机正常运行时，热元件产生的热量虽能使双金属片弯曲，但还不足以使热继电器的触点动作。当电动机过载时，双金属片弯曲位移增大，推动导板使常闭触点断开，从而切断电动机控制电路以起保护作用。热继电器动作后一般不能自动复位，要等双金属片冷却后按下复位按钮复位。热继电器动作电流的调节可以借助旋转凸轮于不同位置来实现。

　　2）热继电器的型号及选用

　　我国目前生产的热继电器主要有 JR0、JR1、JR2、JR9、R10、JR15、JR16 等系列，JR1、JR2 系列热继电器采用间接受热方式，其主要缺点是双金属片靠发热元件间接加热，热耦合较差；双金属片的弯曲程度受环境温度影响较大，不能正确反映负载的过流情况。

　　JR15、JR16 等系列热继电器采用复合加热方式并采用了温度补偿元件，因此能较正确地反映负载的工作情况。

JR1、JR2、JR0 和 JR15 系列的热继电器均为两相结构,是双热元件的热继电器,可以用作三相异步电动机的均衡过载保护和星形连接定子绕组的三相异步电动机的断相保护,但不能用作定子绕组为三角形连接的三相异步电动机的断相保护。

JR16 和 JR20 系列热继电器均为带有断相保护的热继电器,具有差动式断相保护机构。热继电器的选择主要根据电动机定子绕组的连接方式来确定热继电器的型号。在三相异步电动机电路中,对星形连接的电动机可选两相或三相结构的热继电器,一般采用两相结构的热继电器,即在两相主电路中串接热元件。对于三相感应电动机,定子绕组为三角形连接的电动机必须采用带断相保护的热继电器。热继电器的图形及文字符号如图 1.1.15 所示。

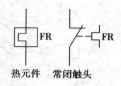

图 1.1.15 热继电器的图形及文字符号

热继电器的选择方法如下。

(1)热继电器的种类,应根据被保护电动机的连接组别进行选择。

当电动机为星形连接时,选用两相或三相热继电器均可进行保护。

当继电器为三角形连接时,应选用三相差分放大机构的热继电器才能进行最佳的保护。

(2)热继电器主要参数的选择方法如下。

①额定电压 热继电器的额定电压是指触点的电压值,选用时要求额定电压大于或等于触点所在电路的额定电压。

②额定电流 继电器的额定电流是指允许装入的热元件的最大额定电流值。每一种额定电流的热继电器可以装入几种不同电流规格的热元件。选用时要求额定电流大于或等于被保护电动机的额定电流。

③热元件规格 热元件规格用电流值表示,它是指热元件允许长时间通过的最大电流值。选用时一般要求其电流规格小于或等于热继电器的额定电流。

④热继电器的整定电流 整定电流是指长期通过热元件又刚好使热继电器不动作的最大电流。热继电器的整定电流要根据电动机的额定电流、工作方式等情况调整确定。一般情况下可按电动机额定电流值整定。

需要指出的是,对于重复短时工作制的电动机,由于电动机不断重复升温,热继电器双金属片的温升跟不上电动机绕组的温升变化,因而电动机将得不到可靠保护。因此,不宜采用双金属片式热继电器。

(二)电工工具及仪表的使用

1.电工工具介绍

电工工具的正确使用是电工技能的基础。正确使用电工工具不但能提高工作效率和施工质量,而且能减轻疲劳、保证操作安全及延长工具的使用寿命。常用的电工工具如图 1.1.16 所示。

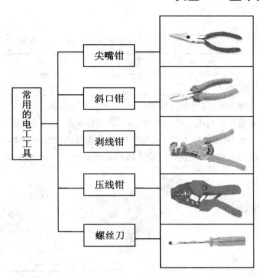

图 1.1.16　常用的电工工具

各种电工工具的特点、具体使用方法和使用注意事项如表 1.1.1 ~ 表 1.1.5 所示。

◇ 尖嘴钳

表 1.1.1　尖嘴钳介绍

尖嘴钳	
特点	头部尖细，适用于在狭小的工作空间操作
用途	剪断较细小的导线；夹持较小的螺钉、螺帽、垫圈和导线等；对单股导线整形（如平直、弯曲等）
注意事项	使用尖嘴钳带电作业时，应检查其绝缘是否良好，并且在作业时不要使金属部分触及人体或邻近的带电体
操作图示	

◇ 斜口钳

表 1.1.2　斜口钳介绍

斜口钳（断线钳）	
用途	用于剪断较粗的金属丝、线材及各种电线、电缆等
注意事项	粗细不同、硬度不同的材料，应选用大小合适的斜口钳
操作图示	

◇ 剥线钳

表 1.1.3　剥线钳介绍

剥线钳	
用途	剥削较细小导线的绝缘层
操作步骤	（1）根据电缆的粗细型号，选择相应的剥线刀口 （2）将准备好的电缆放在剥线工具的刀刃中间，选择好要剥线的长度 （3）握住剥线工具手柄，将电缆夹住，缓缓用力，使电缆外表皮慢慢剥落 （4）松开工具手柄，取出电缆线，这时电缆金属整齐地露出，其余绝缘塑料完好无损
操作图示	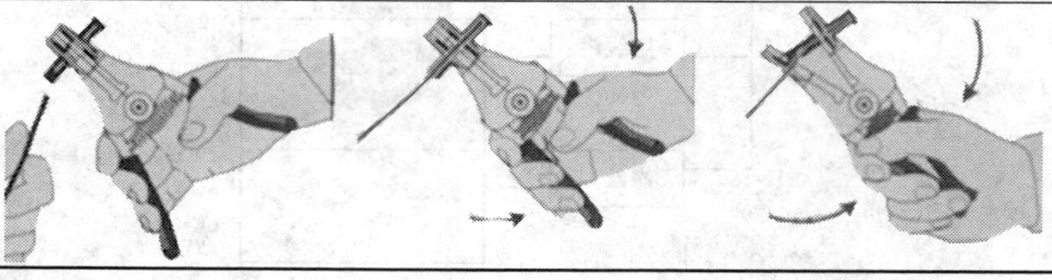

◇ 压线钳

表 1.1.4　压线钳介绍

压线钳	
用途	为导线裸露部分加端子头
操作步骤	（1）将导线进行剥线处理 1.5～2 mm （2）把端子头的开口方向向着压线槽放入，并使端子头上金属头尾部与压线钳平齐 （3）将导线插入端子头绝缘管，对齐后压紧 （4）松开压线钳，观察压线的效果
操作图示	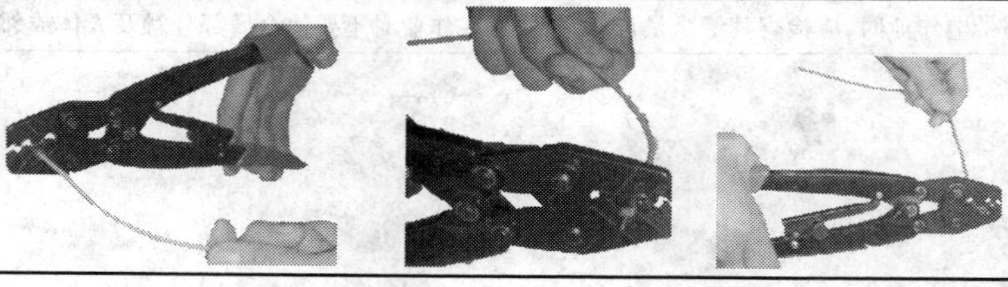

◇ 螺丝刀

表 1.1.5　螺丝刀介绍

螺丝刀	
类型和规格	一字形和十字形；规格有 75、100、125、150 mm 等几种
用途	用于旋动头部为横槽或十字形槽的螺钉
操作步骤	（1）使用时，手紧握柄，用力顶住，使刀紧压螺钉并上紧，以顺时针的方向旋转为上，逆时针为下卸 （2）螺丝刀较大时，除大拇指、食指和中指要夹住握柄外，手掌还要顶住柄的末端以防旋转时滑脱 （3）螺丝刀较小时，用大拇指和中指夹着握柄，同时用食指顶住柄的末端用力旋动 （4）螺丝刀较长时，用右手压紧手柄并转动，同时左手握住起子的中间部分（不可放在螺钉周围，以免将手划伤），以防止起子滑脱
注意事项	带电作业时，手不可触及螺丝刀的金属杆，以免发生触电事故；不应使用金属杆直通握柄顶部的螺丝刀；为防止金属杆触到人体或邻近带电体，金属杆应套上绝缘管

2. 数字万用表

数字万用表是一种可以测量交直流电压,交直流电流和电阻(有的还可以测电感、电容、交流电流等多种电量)且具有多种量程的便携式仪表,在低压电气设备检修中应用广泛。万用表的型号很多,其外形如图 1.1.17 所示。

数字万用表的使用方法如图 1.1.18 ~ 图 1.1.20 所示。

（a）

（b）

图 1.1.17　万用表外形
（a)形式一　(b)形式二

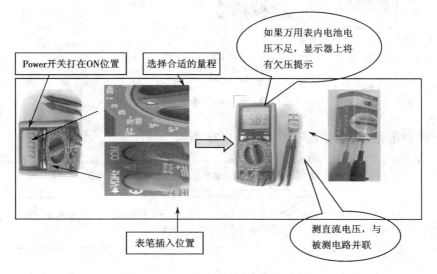

Power开关打在ON位置　选择合适的量程

如果万用表内电池电压不足,显示器上将有欠压提示

表笔插入位置

测直流电压,与被测电路并联

图 1.1.18　数字万用表测直流电压

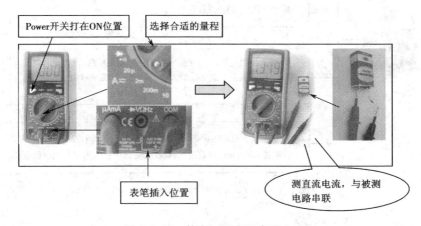

Power开关打在ON位置　选择合适的量程

表笔插入位置

测直流电流,与被测电路串联

图 1.1.19　数字万用表测直流电流

15

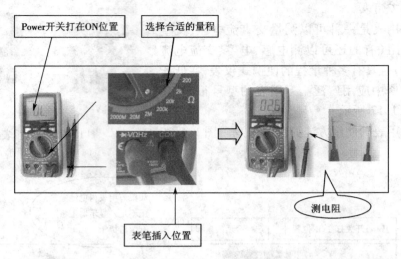

图 1.1.20　数字万用表测电阻

使用数字万用表时的注意事项如图 1.1.21 所示。

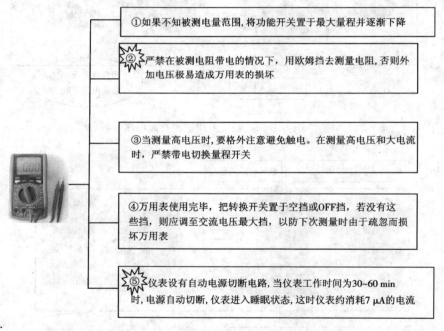

①如果不知被测电量范围,将功能开关置于最大量程并逐渐下降

②严禁在被测电阻带电的情况下,用欧姆挡去测量电阻,否则外加电压极易造成万用表的损坏

③当测量高电压时,要格外注意避免触电。在测量高电压和大电流时,严禁带电切换量程开关

④万用表使用完毕,把转换开关置于空挡或OFF挡,若没有这些挡,则应调至交流电压最大挡,以防下次测量时由于疏忽而损坏万用表

⑤仪表设有自动电源切断电路,当仪表工作时间为30~60 min时,电源自动切断,仪表进入睡眠状态,这时仪表约消耗7 μA的电流

图 1.1.21　使用数字万用表的注意事项

(三)异步电动机直接启动控制

电动机从接通电源开始,转速由零上升到额定值的过程称为启动过程。在电动机定子绕组加额定电压,当启动转矩大于电动机负载转矩时,转速从零开始逐渐增加,直至额定转速,这种方法称为直接启动,缺点是启动电流大。

1. 手动控制

刀开关控制是最简单的正转控制电路,由于刀开关 QS 在接通和断开电路时会产生严重的电弧,所以该电路只适用于容量在 10 kW 以下的电动机,例如三相电风扇和砂轮机。这种电路结构简单,在电动机起停频繁的场合不方便、不安全、操作劳动强度大。刀开关控制电路如图 1.1.22 所示。

转换开关控制电路原理与刀开关控制电路相同,只是转换开关比刀开关灵活,使用时占用面积小。其控制电路如图 1.1.23 所示。

两种控制电路熔断器 FU 起短路保护作用,达不到过载保护的目的。

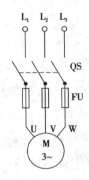
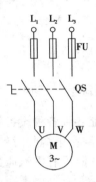

图 1.1.22　刀开关控制电路图　　　　　图 1.1.23　转换开关控制电路图

2. 点动控制

点动控制电路如图 1.1.24 所示。

点动控制电路适用于机床调整刀架、试车、吊车定点落放重物。

动作描述:合上 QS 开关,按下启动按钮 SB,接触器线圈 KM 通电,衔铁吸合,带动接触器常开主触头闭合,电动机接通电源转动;松开 SB,按钮在复位弹簧作用下恢复到常开状态,接触器线圈断电,接触器常开触头恢复到常开状态,电动机失电停止转动。电动机运转时间长短取决于按钮 SB 按下时间的长短。

电路特点分析:该电路分为主电路和控制电路两部分,熔断器接在控制电路与电源连接之间,L_2 和 L_3 任一相熔断器熔断,即使按钮不松,接触器也会失电释放,切断主电路,减少了电动机单相运行的机会。

3. 长动控制

长动控制也叫自锁连续控制,其控制电路见图 1.1.25 所示。按下启动按钮 SB_1,接触器线圈得电,其辅助常开触头闭合,松开 SB_1,接触器线圈也会通过与启动按钮并接的辅助触头继续得电,这种现象称为"自锁",其自锁作用的触头称为"自锁触头";若使正在运转的电动机停止,只需按下 SB_2 按钮(停止按钮)即可,即使 SB_2 按钮恢复常闭状态,自锁触头也已恢复常开状态,接触器线圈也不会通电,电动机就不会再转。若要电动机再次运转,必须重新按动启动按钮 SB_1。

长动电路的特点是具有"失压"和"欠压"保护作用。

"失压"是指当电动机运行时,由于外界原因突然断电,断电时如果没有及时拉开电气设备的电源开关,当电源重新供电时,电气设备会突然在带有负载或操作人员没有充分准备的

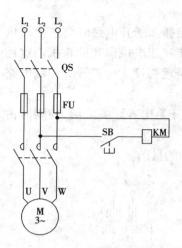

图 1.1.24　点动控制电路图

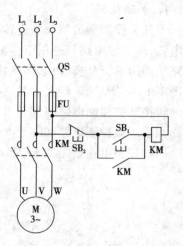

图 1.1.25　自锁连续控制电路图

情况下动作,可能导致各种设备和人身事故,对这种事故的保护称为"失压保护"。带有接触器自锁的控制电路在电源临时停电又恢复供电时,由于自锁触头已经断开,控制电路不会自行接通,接触器线圈没有电流通过,常开主触头不会闭合,电动机就不会自行启动起来,可避免事故的发生。

"欠压"是指电路电压低于电动机应加的额定电压,后果是电磁转矩降低,转速下降,影响电动机的正常工作,损坏电动机,发生事故。"欠压保护"是指在具有接触器自锁的控制电路中,当电动机运转时,电源电压降低到一定值(一般指降低到额定电压 85% 以下时),使接触器线圈磁通减弱,电磁吸力不足,动铁芯在反作用弹簧的作用下释放,自锁触头断开,失去自锁,同时主触头也断开,使电动机停转,得到欠压保护。

(四)异步电动机可逆旋转控制

在生产过程中,有许多生产机械往往要求运动部件可以正反两个方向运动,如机床工作台的前进与后退、主轴的正转与反转、起重机的上升与下降等都需要通过电动机正反双向运转来实现。要想实现三相异步电动机反向运转,只需要改变电动机旋转磁场的旋转方向,要实现这一点也只要改变输入电动机三根电源的相序。电动机的相序电路如图 1.1.26 所示。

电动机控制原理如图 1.1.27 所示,具体分析过程如下。

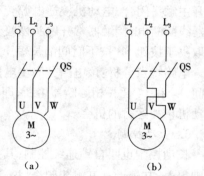

图 1.1.26　电动机相序电路图
(a)正转相序　(b)反转相序

按 SB_1、KM_1 按钮,线圈得电,KM_1 主触头闭合且常开辅助触头闭合,电动机 M 正转,KM_1 线圈通电自锁。

停止时,按 SB_3 按钮,KM_1 线圈失电,KM_1 主触头断开且辅助触头断开,电动机 M 停转。
反转控制如下。

按 SB_2、KM_2 按钮,线圈得电,在 KM_2 主触头闭合的同时,KM_2 常开辅助触头闭合,电动机

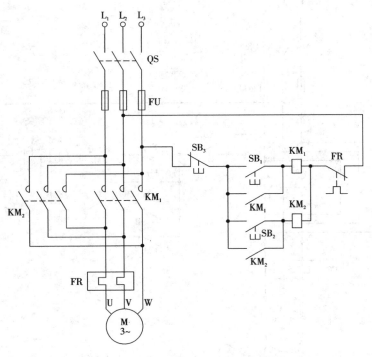

图 1.1.27 接触器正反转控制电路图

M 反转且 KM₂ 线圈通电自锁。

图 1.1.27 所示电路操作十分简便,但存在不少问题,例如 KM₁ 通电电动机正转时,一旦 SB₂ 按钮按下,或者由于别的原因 KM₂ 通电了,KM₂ 主触头就会闭合,两组主触头会导致电源短路,引发事故。

为了实现两接触器线圈在任何情况下都不能同时得电,引入了按钮、接触器双重联锁的正反转控制电路,如图 1.1.28 所示。

要防止两相电源直接短路的故障,可利用 KM₁、KM₂ 两台接触器的常闭辅助触头来相互控制对方的线圈电路,我们把这种方式叫做接触器联锁,即把控制电动机正转的接触器 KM₁ 的常闭辅助触头串联在控制电动机反转时的接触器线圈 KM₂ 电路中,同样,控制电动机反转的接触器 KM₂ 的常闭辅助触头也串联在控制电动机正转时的接触器线圈 KM₁ 电路中。

此种控制电路的缺点是电动机从一种旋转方向改变为另一种旋转方向,必须先按停止按钮 SB₃,否则会因联锁作用无法达到目的。而为了提高生产效率,用户希望电动机正转的时候直接按反转启动按钮 SB₂ 就可立即反转,在电动机反转时,直接按正转启动按钮 SB₁ 就可使电动机立即正转,从而引出符合按钮联锁的电路。按钮控制的正反转控制电路见图 1.1.29。

在按图 1.1.29 所示的控制电路操作时应该注意必须将启动按钮按到底,否则,只能是停车而无反向启动。此电路的缺点是容易发生短路故障,例如某个接触器主触头发生熔焊而分断不开时,直接按反向启动按钮,将会发生短路故障。从而引出按钮、接触器双重联锁的正反转控制电路,其电路见图 1.1.30 所示。

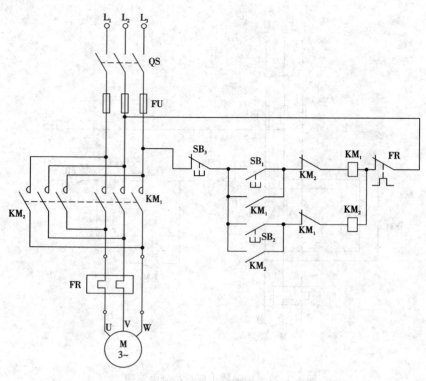

图 1.1.28　按钮、接触器联锁的正反转控制电路图

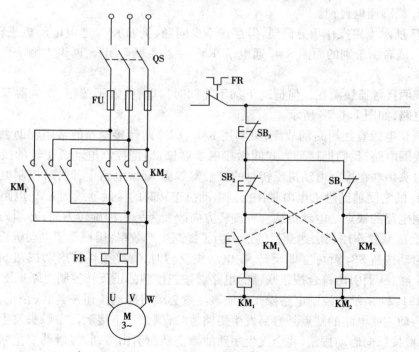

图 1.1.29　按钮控制的正反转控制电路图

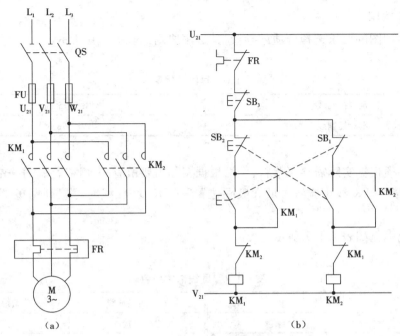

图 1.1.30 双重连锁正反转控制电路图

四、任务解决方案

(一)电气电路的安装

1. 元器件的安装

元器件的安装即将电路所需的元器件固定在电器柜的相应位置。安装过程需要遵守安装规范,安装时应注意如下事项。

(1)所有元器件均应牢固地固定在骨架或支架上。

(2)每个元器件应标注醒目的符号,使用的符号或代号必须与原理图或接线图一致。

(3)所有元器件应按照其制造规定的安装使用条件进行安装使用,其倾斜度不大于5°。

(4)必须保证开关的电弧对操作者不产生危害。

(5)手动操作的元器件,操作机构应灵活,无卡阻现象。

2. 元器件的连接

元器件连接前需要做一些准备工作,包括如下几个方面,如图 1.1.31 所示。

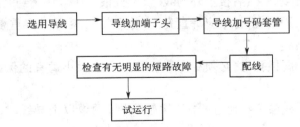

图 1.1.31 元器件连接流程图

21

1）导线的选用

按电气原理图的要求选择合适的导线，其选用原则如表1.1.6所示。

表 1.1.6　导线选用原则

盘内控制线	BVR 0.75 mm²
出盘控制线	BVR 1 mm²

放线时必须根据实际需要来落料，一端根据实际需要留有一弹性弯头，另一端放有 100 ~ 150 mm 的余量。活动线束应考虑最大极限位置需用长度，放线时尽量利用短、零线头，以免浪费。

导线常规用色如表1.1.7所示。

表 1.1.7　导线常规用色

A 相	黄色	安全用接地线	黄绿双色
B 相	绿色	主电路接线	黑色
C 相	红色	控制电路接线	红色
零线或中性线	淡蓝色		

2）号码套管

导线加号码套管时应遵照以下要求执行。

（1）所有导线必须根据接线图所示标号。

（2）号码套管连接后应同元器件安装平面平行。

（3）当导线连接后，号码套管距接线端子距离应为 1.0 ~ 2.0 mm，当无外力、处于垂直位置时应不存在滑动现象。

（4）标号字迹的方向符合国家机械制图标准线性尺寸的数字注法，号码套管字迹应按国家机械制图规定标准字体用打字机打印，字迹内容同二次接线图一致。

3）配线

配线过程需要满足电工配线工艺要求，其具体要求如下。

（1）将配电盘的线接好，然后接盘外的线，每部分根据线号从小到大的顺序配线。

（2）在配线时应拉紧挺直，行线应平直齐牢，整齐美观，尽量减少重叠交叉。

（3）导线要入线槽。

（4）导线在穿越金属板孔时，必须在金属板孔上套上大小适宜的保护套，如橡皮圈，保证导线外层不磨损。

（5）每一个接点接线最多不超过两根，当需要连接两根以上导线时，应采用过渡端子，以确保连接的可靠性。

（6）各类压接式端子必须用螺钉将插入的导线压紧，不得有松动现象。

（7）线束应尽量远离发热元件，并应避免敷设于发热元件的上方。

4）试运行

试运行是判断装配任务成功与否的唯一方法，其流程如图1.1.32所示。

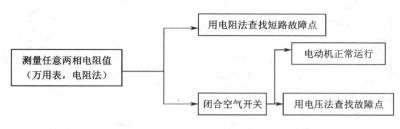

图1.1.32 试运行流程图

（二）电气控制电路的检修

常用机床电气故障的检修方法主要有电压法、电阻法、短路法、开路法和电流法等，还可结合"问"、"看"、"听"、"摸"等方法。冷却泵电动机控制电路比较简单，当发生故障时，用电压测量法就能很快地找到故障。下面介绍电压测量法。

电压测量法指利用万用表测量机床电气电路上某两点间的电压值来判断故障点的范围或故障元件的方法。

1. 分阶测量法

电压的分阶测量法如图1.1.33所示。检查时，首先用万用表测量1、7两点间的电压，若电路正常应为380 V。然后按住启动按钮SB_2不放，同时将黑色表棒接到点7上，红色表棒按6、5、4、3、2标号依次向前移动，分别测量7-6、7-5、7-4、7-3、7-2各阶之间的电压。电路正常情况下，各阶的电压值均为380 V。如测到7-6之间无电压，说明是断路故障，此时可将红色表棒向前移，当移至某点（如2点）时电压正常，说明点2以后的触头或接线有断路故障。一般是点2后第一个触点（即刚跨过的停止按钮SB_1的触头）或连接线断路。

2. 分段测量法

电压的分段测量法如图1.1.34所示。

先用万用表测试1、7两点，电压值为380 V，说明电源电压正常。

电压的分段测量法是将红、黑两根表棒逐段测量相邻两标号点1-2、2-3、3-4、4-5、5-6、6-7间的电压。如电路正常，按SB_2后，除6-7两点间的电压等于380 V之外，其他任何相邻两点间的电压值均为零。如按下启动按钮SB_2，接触器KM_1不吸合，说明发生断路故障。此时可用电压表逐段测试各相邻两点间的电压，如测量到某相邻两点间的电压为380 V时，说明这两点间所包含的触点、连接导线接触不良或有断路故障。例如标号4-5两点间的电压为380 V，说明接触器KM_2的常闭触点接触不良。

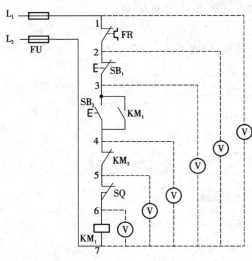

图 1.1.33　分阶测量法

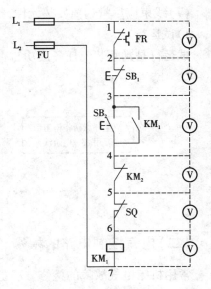

图 1.1.34　分段测量法

五、知识拓展

（一）行程控制电路

行程控制是以行程开关代替按钮,以实现对电动机的起停控制,分为限位断电和限位通电、自动往复循环等控制。

1. 限位断电和限位通电指示

限位断电控制电路如图 1.1.35 所示,工作原理为:按下按钮,线圈通电,电动机启动,运动部件在电动机的拖动下运行一定距离,到达预先指定点即自动断电停车。

限位通电控制电路如图 1.1.36 所示,运动部件在电动机的拖动下,达到预先指定的地点后能够自动接通接触器线圈的控制电路。

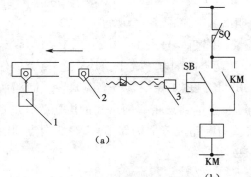

图 1.1.35　限位断电控制电路图
（a）限位断电运动示意图　（b）限位断电控制电路
1—行程开关　2—撞块　3—电动机

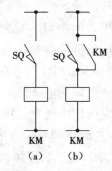

图 1.1.36　限位通电控制电路图
（a）点动控制　（b）长动控制

2.自动往复循环控制

自动往复循环控制电路如图1.1.37(b)所示,图1.1.37(a)为其工作示意图。

工作台在行程开关SQ_1和SQ_2之间自动往复运动,调节撞块2和3的位置,就可以调节工作行程往复区域大小。KM_1是电动机向左运动接触器,KM_2是电动机向右运动接触器。工作台在SQ_1和SQ_2之间循环往复运动,当按下停止按钮SB_1时才停止,其流程为:

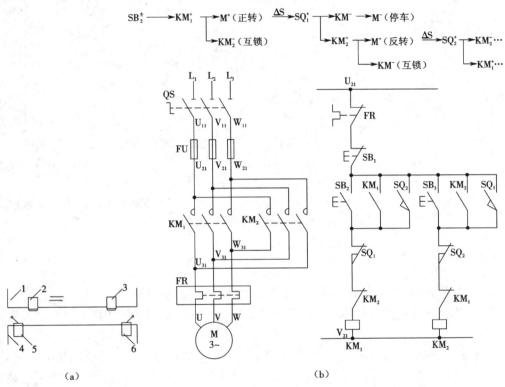

图1.1.37 自动往复循环控制电路图

(a)工作示意图 (b)控制电路图

1—工作台 2—撞块 3—撞块 4—床身 5—SQ_1 6—SQ_2

(二)顺序控制

在机床控制电路中,经常要求电动机有顺序地启动和停止,图1.1.38给出了几个顺序启动的控制电路图,具体过程请读者自行分析。

六、任务小结

通过该任务的学习,我们应掌握常用电工工具及仪表的使用,常用低压电器的使用,电动机直接启动控制电路的分析、装配和检修等。

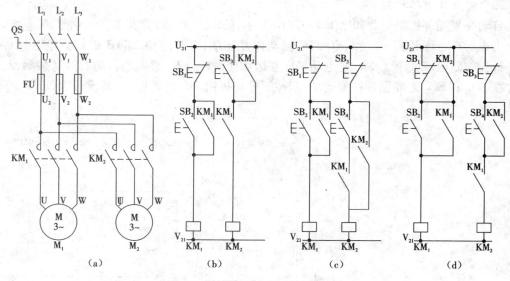

图 1.1.38　顺序控制电路图

(a) 主电路　(b) 在此控制电路中，M_1 和 M_2 可以同时停止　(c) 在此控制电路中，M_1 和 M_2 可以单独停止

(d) 在此控制电路中，电动机 M_2 停止后 M_1 才能停止

七、巩固与提高

（1）什么是失压、欠压保护？哪些电器可以实现失压和欠压保护？

（2）点动和长动有什么不同？各应用在什么场合？同一电路如何实现既有点动又有长动的控制？

（3）在可逆运转控制电路中，为什么采用了按钮的机械互锁还要采用电气互锁？

（4）试设计某控制装置在两个行程开关 SQ_1 和 SQ_2 区域内自动往返循环的控制电路。

▶ 任务 1.2　异步电动机降压启动控制电路的安装与检修

一、任务目标

学习本任务后，你将具备安装、调试和检修异步电动机降压启动控制电路的能力。

➢ 了解低压电器包括转换开关、时间继电器的结构和工作原理；

➢ 了解异步电动机多种降压启动控制电路的工作原理；

➢ 掌握异步电动机降压启动控制电路的安装方法和技能；

➢ 掌握异步电动机降压启动控制电路排除故障的方法和技能。

二、任务描述

1. 任务要求

识读多个异步电动机降压启动控制电路图，要求使用常用电工工具，遵照电气安装及检测工艺规范,对异步电动机多种降压启动控制电路进行安装、调试和故障检修。

2.新知识点简介

转换开关、时间继电器、电流继电器、电压继电器的结构和工作原理;异步电动机降压启动控制电路的工作原理;异步电动机降压启动控制电路的安装和检修方法。

三、相关知识

(一)低压电器的认识

1.转换开关(组合开关)

HZ 系列组合开关有 HZ1、HZ2、HZ3、HZ4、HZ5 以及 HZ10 等系列产品,其中 HZ10 系列是全国统一设计产品,目前在生产中应用广泛。HZ10 – 10/3 型组合开关的外形、结构及符号如图 1.2.1 所示。开关的三对静触头分别装在三层绝缘垫板上,并附有接线柱,用于与电源及用电设备相接。动触头是由磷铜片(或硬紫铜片)和具有良好灭弧性能的绝缘纸板铆合而成,并和绝缘垫板一起套在附有手柄的方形绝缘转轴上。手柄和转轴能在平行于安装面的平面内沿顺时针方向每次转动 90°,带动三个动触头分别与三对静触头接通或分离,实现接通或分段电路的目的。

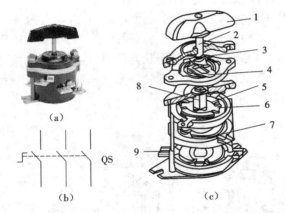

图 1.2.1　HZ10 – 10/3 型组合开关的外形、图形符号与结构
(a)外形图　(b)图形符号　(c)结构图
1—手柄　2—转轴　3—弹簧　4—凸轮　5—绝缘垫板　6—静触头
7—动触头　8—绝缘方轴　9—接线柱

转换开关又叫组合开关,它体积小,触头对数多,接线方式灵活,操作方便,常用于交流 50 Hz、380 V 以下及直流 220 V 以下的电路中,供手动不频繁地接通和断开电路、换接电源和负载以及控制 5 kW 以下小容量异步电动机的启动、停止和正反转。转换开关的选用原则如图 1.2.2 所示。

2.时间继电器

时间继电器也称延时继电器,是一种用来实现触点延时接通或断开的控制电器。

时间继电器按延时方式可分为通电延时型和断电延时型两种。

通电延时型时间继电器在其感测部分接收信号后,开始延时,一旦延时完毕,就通过执行

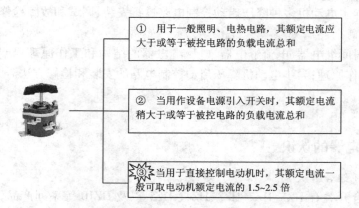

① 用于一般照明、电热电路，其额定电流应大于或等于被控电路的负载电流总和

② 当用作设备电源引入开关时，其额定电流稍大于或等于被控电路的负载电流总和

③ 当用于直接控制电动机时，其额定电流一般可取电动机额定电流的1.5~2.5倍

图1.2.2 转换开关的选用原则

部分输出信号以操纵控制电路，当输入信号消失时，继电器就立即恢复到动作前的状态（复位）。

断电延时型与通电延时型相反。断电延时型时间继电器在其感测部分接收输入信号后，执行部分立即动作，但当输入信号消失后，继电器必须经过一定的延时，才能恢复到原来（即动作前）的状态（复位），并且有信号输出。

在摇臂钻床中，使用的是空气阻尼式时间继电器，下面以它为例介绍时间继电器的相关知识。除此之外还有电子式时间继电器、电动式时间继电器及直流电磁式继电器等。

空气阻尼式时间继电器是利用阻尼作用获得延时，线圈电压为交流。它分为通电延时和断电延时两种类型。空气阻尼式时间继电器的外形结构如图1.2.3所示。图1.2.4为JST-A系列时间继电器的结构示意。

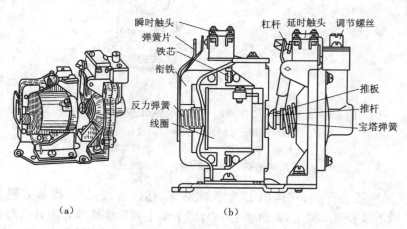

瞬时触头 弹簧片 铁芯 衔铁 反力弹簧 线圈 杠杆 延时触头 调节螺丝 推板 推杆 宝塔弹簧

（a） （b）

图1.2.3 空气阻尼式时间继电器的外形和结构图
（a）外形图 （b）结构图

空气阻尼式时间继电器的优点是结构简单、寿命长、价格低，允许电网电压有较大波动，还附有不延时的触点，所以应用较为广泛。缺点是准确度低，延时误差大，在要求延时精度高的场合不宜采用。图1.2.5为时间继电器的符号，其文字符号为KT。

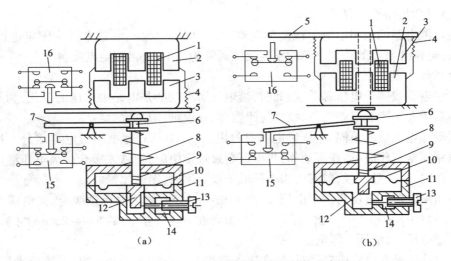

图 1.2.4　JST-A 系列时间继电器的结构示意图

(a)通电延时型　(b)断电延时型

1—线圈　2—铁芯　3—衔铁　4—复位弹簧　5—推板　6—活塞杆　7—杠杆　8—塔形弹簧　9—弱弹簧
10—橡皮膜　11—空气室壁　12—活塞　13—调节螺杆　14—进气孔　15,16—微动开关

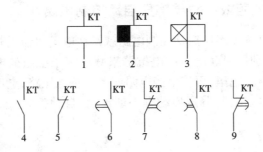

图 1.2.5　时间继电器的符号

1—线圈符号　2—断电延时线圈　3—通电延时线圈　4—瞬动常开触头　5—瞬动常闭触头
6—延时闭合常开触头　7—延时断开常闭触头　8—延时断开常开触头　9—延时闭合常闭触头

选用时间继电器时应注意:其线圈(或电源)的电流种类和电压等级应与控制电路相同;按控制要求选择延时方式和触点形式;校核触点数量和容量,若不够,可用中间继电器进行扩展。

时间继电器新产品 JS14 A 系列、JS20 系列半导体时间继电器、JS14P 系列数字式半导体继电器等具有体积小、延时精度高、寿命长、工作稳定可靠、安装方便、触点输出容量大和产品规格全等优点,广泛用于电力拖动、顺序控制及各种生产过程的自动控制中。

3.电流继电器

电流继电器线圈串联在被测量的电路中,此时继电器所反映的是电路中电流的变化,为了使串入电流继电器后并不影响电路工作,线圈应匝数少、导线粗、阻抗小。

电流继电器有欠电流和过电流之分。过电流继电器在电路正常工作时,衔铁不动作,当电流超过规定值时,衔铁才吸合。欠电流继电器在电路正常工作时,衔铁处在吸合状态;当电流低于规定值时,衔铁才释放。

欠电流继电器的吸引电流为线圈额定电流的 30% ~65%,释放电流为额定电流的 10% ~20%,过电流继电器的动作电流的整定范围通常为 1.1~4 倍额定电流。

4.电压继电器

电压继电器线圈与电压源并联,此时,继电器所反映的是电路中电压的变化,为了使并入电压继电器后并不影响电路工作,线圈应匝数多、导线细、阻抗大。

根据动作电压值的不同,电压继电器有过电压、欠电压和零电压继电器之分。过电压继电器在电路正常工作时,衔铁不动作;当电压超过规定值时,衔铁才吸合。欠电压继电器在电路正常工作时,衔铁处在吸合状态,当电压低于规定值时,衔铁才释放。

过电压继电器在电压为额定电压 U_N 的 110% ~115% 以上时衔铁吸合,欠电压继电器在电压为 U_N 的 40% ~70% 时释放,而零电压继电器在电压降至 U_N 的 5% ~25% 时才释放,它们分别用于过电压、欠电压和零电压保护。

降压启动就是在电动机启动时,加在定子绕组上的电压小于额定电压,当电动机启动后,再将电源升至额定电压,大大降低了启动电流,减小了电网上的电压降落。

常见的降压启动方式有:串电阻降压启动、Y – △ 降压启动,自耦变压器降压启动和延边三角形降压启动等。

(二)定子回路串电阻或电抗器降压启动控制电路

定子回路串电阻或电抗器降压启动控制电路就是在电动机启动过程中,在电动机电子电路中串联电阻或电抗器,利用串联电阻或电抗器来减小定子绕组的电压,以达到限制启动电流的目的。一旦电动机启动完毕,再将串接电阻或者电抗器短路,电动机便全压正常运行。

定子回路串电阻(或电抗器)降压启动有手动控制、自动控制、手动和自动混合控制等方法。

1.手动控制

手动控制方法分为开关手动和按钮手动两种,本节以按钮手动为例,讨论电路的工作情况。图 1.2.6 为接触器控制的串电阻降压启动控制电路,图 1.2.7 为其工作过程描述。

在这种降压控制电路中,先后按下两个控制按钮,电动机才进入全压运行状态,并且运行时 KM_1 和 KM_2 两线圈均处于通电工作状态。

另外,在这个控制电路的操作过程中,操作人员必须具有熟练的操作技术,才能使启动电阻 R 在适当的情况下短接,否则,容易造成不良后果。电阻短接早了,起不到降压启动的目的;短接晚了,既浪费了电能又影响负载转矩。短接时间由操作人员手工控制很不准确。如果启动电阻的短接时间改为由时间继电器自动控制就解决了上述人工操作带来的问题。

2.自动控制

自动控制电路是依靠时间继电器来进行切换的。由于时间继电器的动作时间可调,一旦经过计算并调整好了动作时间,则电动机由启动过程转换成正常运行就能准时进行。这种以时间原则进行控制的电路,电路简单,控制起来十分方便。由于时间继电器的调节范围比较广,且不受电路电压、电流等参数的影响,因此主要用来控制交直流电动机的启动和交流电动机的制动过程。但这种控制原则存在的问题是,在负载力矩或气动力矩变化时,电动机的平

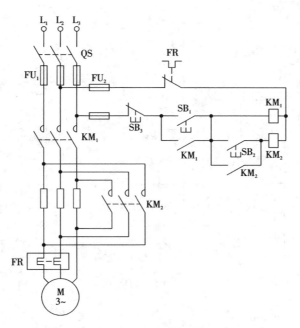

图 1.2.6　接触器控制的串电阻降压启动控制电路图

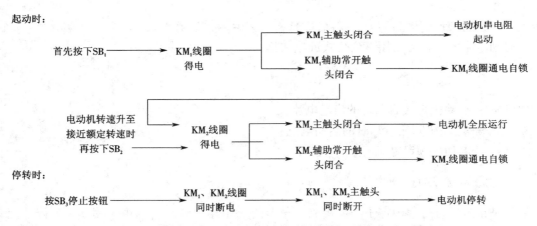

图 1.2.7　接触器控制的串电阻降压启动控制电路工作过程描述

均启动或制动力矩将相应变化,可能使电动机产生很大的冲击电流和冲击力矩。

请读者对图 1.2.8 中两个电路进行简单分析。

3. 串电阻降压启动控制电路的选择原则

串电阻降压启动适用于正常运行时做 Y-△ 连接的电动机。对于这种启动方法,启动时加在定子绕组上的电压为直接启动时所加定子绕组电压的 0.5 ~ 0.8 倍,而电动机的启动转矩与所加电压二次方成正比,因此降压启动转矩 M 是额定转矩的 0.25 ~ 0.64 倍。由此看来,串电阻降压启动方法仅适用于对启动转矩要求不高的生产机械,即电动机轻载或空载的场合。

另外,由于采用启动电阻使控制箱体积大为增加,而且每次启动时在电阻上的功率损耗

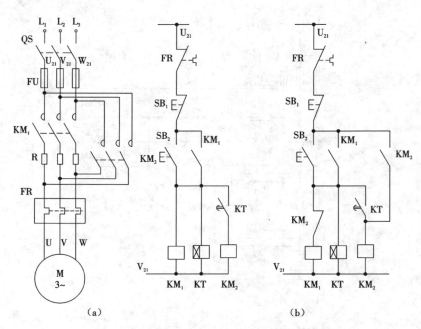

图 1.2.8　时间继电器控制的串电阻降压启动控制电路
(a)电路一　(b)电路二

较大,若启动频繁,则电阻的温升很高,在精密机床中不宜采用。

启动电阻的选择可以用下列公式近似估算:

$$R = \frac{220}{I_e} \sqrt{(\frac{I_q}{I'_q})^2 - 1}$$

式中:I_q——电动机直接启动时的启动电流;

I'_q——电动机降压启动时的启动电流;

I_e——电动机额定电流。

(三)Y - △降压启动

凡是正常运行过程中定子绕组接成三角形的三相异步电动机均可采用 Y - △降压启动方式来达到限制启动电流的目的。其原理是:启动时,定子绕组首先接成星形,待转速达到一定值后,再将定子绕组换接成三角形,电动机便进入全压正常运行。

Y - △降压启动方式限制电流的原理是:当定子绕组接成星形时,定子每相绕组上得到的电压是额定电压的 $\frac{1}{\sqrt{3}}$,使 $I_Y = \frac{1}{3} I_\triangle$,星形启动时的线电流比三角形直接启动时的线电流降低 3 倍,从而达到降压启动的目的。

1. 接触器控制的 Y - △降压启动控制电路

主电路采用两组接触器主触头 KM_Y 和 $KM_\triangle$,当 KM_Y 主触头闭合而 $KM_\triangle$ 主触头断开时,电动机定子绕组接成星形降压启动。启动完毕后,KM_Y 一组主触头先断开,而 $KM_\triangle$ 一组主触头闭合,电动机定子绕组接成三角形全压运行。此种控制电路如图 1.2.9 所示。

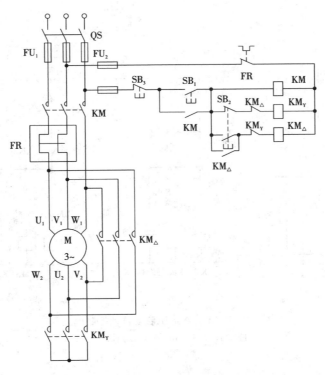

图 1.2.9　接触器控制 Y－△降压启动控制电路

2. 自动控制的 Y－△降压启动控制电路

图 1.2.10 为 Y－△降压启动自动控制电路。图 1.2.10(a)为主电路。图 1.2.10(b)为控制电路,由三个接触器、一个热继电器和一个时间继电器组成,其工作原理如下。按下启动按钮 SB₂,KT 线圈立即得电,同时,KM₂ 线圈也通电吸合,并使 KM₁ 线圈得电自锁,电动机进入星形连接的启动状态。当 KT 的延时时间到,KT 的延时断开常闭触点将断开,使 KM₂ 线圈断电。KM₂ 常闭触点的闭合将使 KM₃ 线圈得电,电动机定子绕组由星形连接改为三角形连接,电动机进入全压运行状态。但是该电路有两个缺点:一是引起电源短路,二是当时间继电器失灵时,会造成电动机长期处于星形连接的状态下低压运行而使电动机烧毁。

图 1.2.10(c)控制电路的工作原理如下。当按下 SB₂ 后,KT 线圈得电,KM₂ 和 KM₁ 线圈也随后得电,使电动机在星形连接下进行降压启动。但在 KM₁ 得电的同时,KM₁ 常闭触点的断开会使 KT 线圈失电。经过一定的整定延时时间后,KT 的延时断开触点断开,使 KM₂ 线圈断电。之后,由于 KM₂ 常闭辅助触点的复位使 KM₃ 线圈得电,电动机将进入三角形运行状态。但在电动机由星形启动转为三角形连接运行过程中,即在 KM₂ 线圈断电到 KM₃ 线圈得电的瞬间,电动机出现了极短时间的断电现象。

电动机进行 Y－△降压启动控制时,必须保证主电路相序的正确,同时还应注意,对于正常运行时为星形连接的电动机,不能采用 Y－△降压启动的方法。

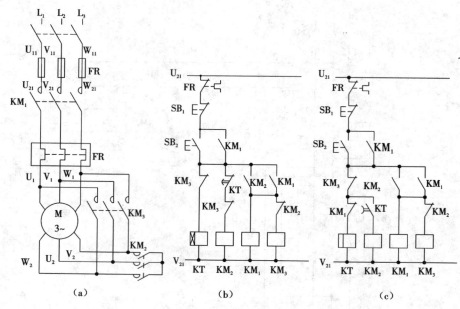

图 1.2.10　Y－△降压启动自动控制电路

(a)主电路；(b)控制电路一；(c)控制电路二

四、任务解决方案

（一）电路的安装

根据异步电动机降压启动电路图在电器柜上安装好相应的元件,安装时要符合任务一的规范,下面介绍一下时间继电器的安装。

将通电延时空气阻尼型时间继电器的电磁部分拆下来,然后反转180°安装即可获得断电延时型的空气阻尼时间继电器。

判断时间继电器类别的方法是:断电后,用手按住弹簧(相当于通电),松手(相当于断电)一段时间后听到"啪"的响声,就是断电延时型;否则,用手按住弹簧一段时间后听到响声,就是通电延时型。

另外,转换开关接线时要注意观察,转换开关共有三组触点,判定哪两个端子是一组,需要用万用表测试,转动转换开关,同时接通或断开三组触点。

（二）电路的故障检修

简单电动机控制电路的故障检修方法已经在任务一中提到,下面介绍几种发生故障时可能存在的故障点。

(1)按动按钮,电动机运行,松开按钮,电动机停止,可能是自锁触点没有接好。

(2)按动按钮,电动机直接启动,可能是降压启动回路存在问题。

(3)电动机无法停止,可能是停止按钮没有接好。

(4)接触器动作,而电动机不转,可能是电动机缺相,没有通好三相电。

每次排除故障后,应及时总结,积累经验,为以后的工作奠定良好的基础,并做记录,以备以后维修工作时参考,并通过对故障的分析和排除,采取有效措施,防止类似事故再次发生。

机床电气设备的故障不是千篇一律的,即使是同一故障现象,发生的部位也会不同,所以在维修中,不可生搬硬套固定方法,而应理论与实践相结合灵活处理。在处理故障时,千万不可凑合行事,应从根本上给予解决。

五、知识拓展

(一)自耦变压器降压启动

自耦变压器降压启动是指利用自耦变压器来降低启动时的电动机定子绕组电压,以达到限制启动电流的目的。自耦变压器降压启动原理如图 1.2.11 所示。

自耦变压器的抽头有两种电压可供选择,分别是电源电压的 65% 和 80%(出厂时接在65% 抽头上),可根据电动机的负载大小适当选择。启动时,SA 开关扳向"启动"位置,此时,电动机定子绕组与自耦变压器的低压侧连接,电动机进行降压启动,待转速上升到一定值时,再将 SA 开关扳向"运行"位置,这时自耦变压器被切除,电动机定子绕组全压运行。自耦变压器降压启动原理如图 1.2.11 所示。

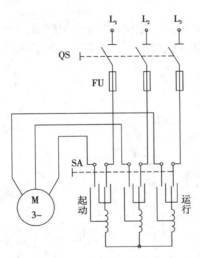

图 1.2.11　自耦变压器降压启动原理图

接触器控制的自耦变压器补偿器降压启动控制电路请读者根据图 1.2.12 自行分析。该电路的优点是简单、方便,并可实现自动控制;缺点是启动转矩较小。

(二)延边三角形降压启动控制电路

延边三角形降压启动控制电路适用于定子绕组为特殊设计的 YTD 系列三相异步电动机,一般的电动机定子绕组为六个出线头;这种电动机三相绕组多了一组中心抽头。由于三相绕组接成了延边三角形,每相绕组所承受的电压比三角形接法时的相电压要低,比星形接法时的相电压要高,介于 220~380 V 之间,所以启动转矩也大于星形启动时的启动转矩。

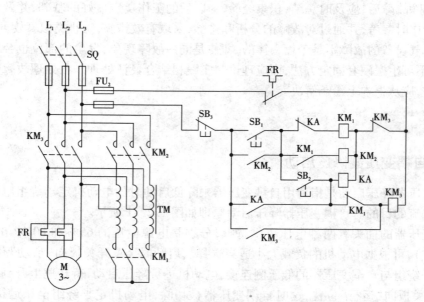

图 1.2.12　接触器控制的自耦变压器补偿器降压启动控制电路图

启动过程结束,电动机转速达到一定值,再将三相绕组接成三角形。

延边三角形降压启动控制电路如图 1.2.13 所示,其工作过程如图 2.1.14 所示。

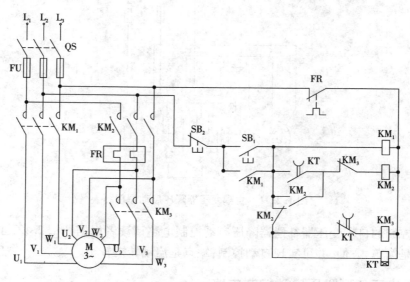

图 1.2.13　延边三角形降压启动控制电路图

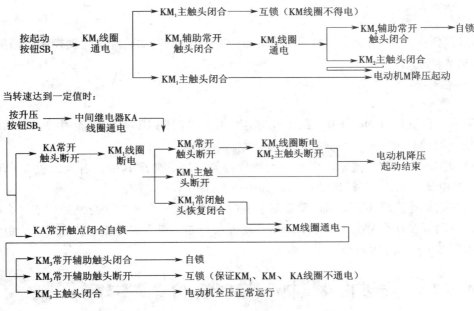

图 1.2.14 延边三角形降压启动控制电路工作过程描述图

(三)三相异步电动机降压启动方式选择

不同的生产机械对电动机的要求不同,各种电动机的结构形式及适用范围也不同,因此它们的启动方式也各不相同。主要有如下几种启动方法。

1. 直接启动

适用范围:一般用于 7.5 kW 以下的电动机。

优缺点:启动设备简单,操作方便,启动过程快;当启动电流很大且电网容量小时,对电网的影响较大。

2. 串电阻降压启动

适用范围:用于启动转矩较小的电动机,有时用于不能用 Y－△ 降压启动的电动机。

优缺点:启动转矩减小很多;在电阻上消耗的电能较大。

3. 自耦变压器降压启动

适用范围:用于容量较大,正常运行接成星形而不能采用 Y－△ 降压启动的电动机。

优缺点:启动转矩较大;补偿器价格贵。

4. Y－△ 降压启动

适用范围:适用于在正常运行时绕组接线为三角形的电动机,多用于轻载或空载启动。

优缺点:启动设备简单;启动转矩较小。

5. 延边三角形降压启动

适用范围:适用于定子绕组有中间抽头的电动机。

优、缺点:通过不同抽头比例来改变电动机的启动转矩,比较灵活,设备简单,可以频繁启动;电动机抽头多,结构复杂。

六、任务小结

通过该任务的学习,应掌握常用低压电器的使用方法,电动机降压启动控制电路的分析、装配和检修。

七、巩固与提高

(1)有两台电动机 M_1 和 M_2,要求 M_1 先启动,经过时间 10 s 后,才能用按钮启动电动机 M_2;电动机 M_2 启动后,M_1 立即停转,试设计控制电路图。

(2)画出两台三相交流异步电动机的顺序控制电路。要求其中一台电动机 M_1 启动 5 s 后,另一台电动机 M_2 可自行启动;但 M_1 如果停止,则 M_2 一定停止。

(3)三相鼠笼式异步电动机的降压启动有哪几种方法?各种方法分别适用于什么场合?

(4)电动机在什么情况下应采取降压启动方法?如一鼠笼式异步电动机定子绕组为星形接法,能否用 Y－△降压启动?为什么?

▶ 任务1.3 异步电动机制动控制电路的安装与检修

一、任务目标

学习了本任务后,你将具备安装、调试和检修异步电动机制动控制电路的能力。
➢ 了解速度继电器的结构和工作原理;
➢ 了解异步电动机多种制动控制电路的工作原理;
➢ 掌握异步电动机制动控制电路的安装方法和技能;
➢ 掌握异步电动机制动控制电路排除故障的方法和技能。

二、任务描述

1. 任务要求

给出多个异步电动机制动控制电路图,要求使用常用电工工具,遵照电气安装及检测工艺规范,对异步电动机多种制动控制电路进行安装、调试和故障检修。

2. 新知识点简介

速度继电器的结构和工作原理;异步电动机制动控制电路的工作原理;异步电动机制动控制电路的安装和检修方法。

三、相关知识

(一)速度继电器的认识

速度继电器又称反接制动继电器。它主要是由转子、定子及触点三部分组成,其图形及文字符号如图 1.3.1 所示。

速度继电器主要用于三相异步电动机反接制动的控制电路中。它的任务是当三相电源的相序改变以后,产生与实际转子转动方向相反的旋转磁场,从而产生制动力矩,因此可使电动机在制动状态下迅速降低转速。在电动机转速接近零时立即发出信号,切断电源使之停车(否则电动机开始反方向启动)。

图 1.3.1 速度继电器的图形符号和文字符号

转子   常开触点   常闭触点

速度继电器的转子是一个永久磁铁,与电动机或机械轴连接,随着电动机旋转而旋转。定子与鼠笼转子相似,内有短路条,它也能围绕着转轴转动。当转子随电动机转动时,它的磁场与定子短路条相切割,产生感应电势及感应电流,这与电动机的工作原理相同,故定子随着转子转动而转动起来。定子转动时带动杠杆,杠杆推动触点,使之闭合与分断。当电动机旋转方向改变时,继电器的转子与定子的转向也改变,这时定子就可以触动另外一组触点,使之分断与闭合。当电动机停止时,继电器的触点即恢复原来的静止状态。速度继电器的结构原理如图 1.3.2 所示。

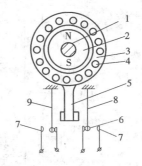

图 1.3.2 速度继电器的结构原理图
1—转子 2—电动机轴 3—定子 4—绕组 5—定子柄 6—静触点(常闭) 7—动触点(常开) 8,9—簧片

由于继电器工作时是与电动机同轴的,不论电动机正转或反转,继电器的两个常开触点就有一个闭合,准备实行电动机的制动。一旦开始制动时,由控制系统的联锁触点和速度继电器备用的闭合触点,形成一个电动机相序反接(俗称倒相)电路,使电动机在反接制动下停车。而当电动机的转速接近零时,速度继电器的制动常开触点分断,从而切断电源,使电动机制动状态结束。

三相异步电动机从切除电源到完全停止旋转,由于惯性关系,总要经过一段时间,这往往不能适应某些生产机械工艺的要求,如万能铣床、卧式镗床、组合机床等。无论是从提高生产效率,还是从安全及准确停车等方面考虑,都要求电动机能迅速停车,这都要求电动机进行制动控制。制动方法一般有两大类,即电磁机械制动和电气制动。

电气制动实质上是在电动机停车时,产生一个与原来旋转方向相反的制动转矩,迫使电动机转速迅速下降,如能耗制动、反接制动等。

(二)能耗制动控制电路

能耗制动就是在电动机脱离三相交流电源之后,定子绕组上加一个直流电压(即通入直流电流),利用转子感应电流与静止磁场的作用,以达到制动的目的。根据能耗制动时间控制原则,可用时间继电器进行控制,也可以根据能耗制动速度原则,用速度继电器进行控制。下面分别用单向能耗制动和正反向能耗制动控制电路为例来说明。

1. 单向能耗制动控制电路

时间原则控制的单向能耗制动电路如图1.3.3所示。电动机正常运行时,若按下停止按钮SB₁,电动机由于KM₁断电释放而脱离三相交流电源,而直流电源则由于接触器KM₂线圈通电,KM₂主触头闭合而加入定子绕组,时间继电器KT线圈与KM₂线圈同时通电并自锁,于是,电动机进入能耗制动状态。当其转子的惯性速度接近于零时,时间继电器延时打开的常闭触头断开接触器KM₂线圈电路。由于KM₂常开辅助触头复位,时间继电器KT线圈的电源也被断开,电动机能耗制动结束。

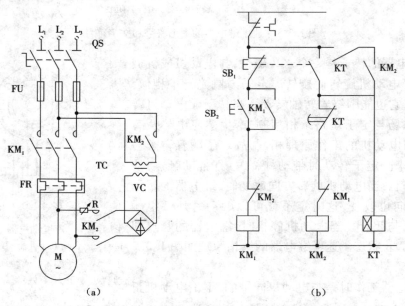

图1.3.3　时间原则控制的单向能耗制动电路图
(a)主电路　(b)控制电路

图1.3.4为速度原则控制的单向能耗制动控制电路,该电路中的电动机刚刚脱离三相交流电源时,由于电动机转子的惯性速度仍然很高,速度继电器KS的常开触头仍然处于闭合状态,因此接触器KM₂线圈能够依靠SB按钮的按下通电自锁。于是,两相定子绕组获得直流电源,电动机进入能耗制动。当电动机转子的惯性速度接近于零时,KS常开触头复位,接触器KM₂线圈断电而释放,能耗制动结束。

能耗制动作用的强弱与通入直流电流的大小和电动机转速有关。在同样的转速下,直流电流越大,制动作用越强,一般直流电流为电动机空载电流的3~4倍即可。

2. 可逆运行能耗制动控制电路

电动机可逆运行能耗制动也可以采用速度原则,用速度继电器取代时间继电器,同样能达到制动目的。按时间原则控制的可逆运行能耗制动电路如图1.3.5所示,该电路读者可自行设计分析,这里不再详细介绍。

按时间原则控制的能耗制动,一般适用于负载转速比较稳定的生产机械上。对于那些能够通过传动系统来实现负载速度变换或者加工零件经常变动的生产机械,采用速度原则控制的能耗制动则较为合适。

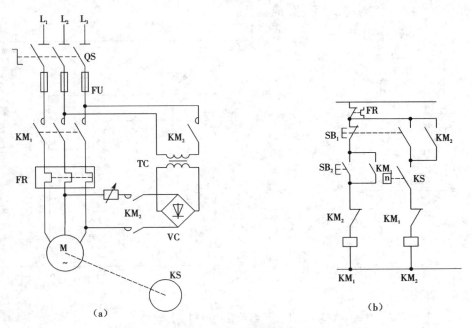

图 1.3.4　速度原则控制的单向能耗制动控制电路图
(a)主电路　(b)控制电路

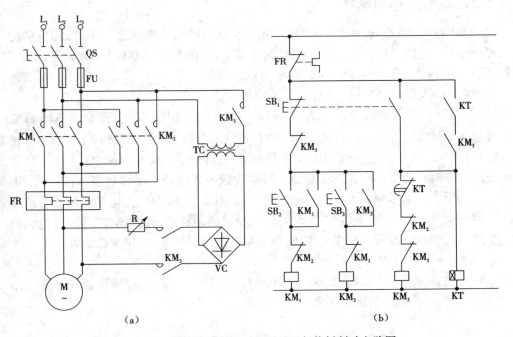

图 1.3.5　按时间原则控制的可逆运行能耗制动电路图

3. 无变压器单管能耗制动控制电路

对于 10 kW 以下的电动机,在制动要求不高时,可采用无变压器单管能耗控制电路,如

图 1.3.6 所示,这样设备简单,体积小,成本低。

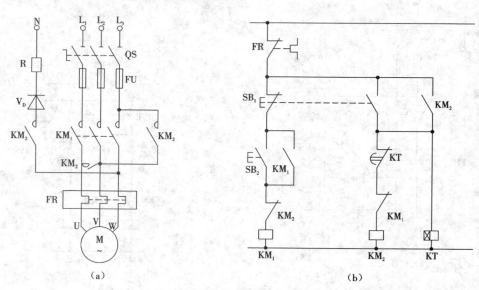

图 1.3.6　无变压器单管能耗制动控制电路
（a）主电路　（b）控制电路

（三）反接制动控制电路

反接制动的关键在于电动机电源相序的改变,且当转速下降接近于零时,能自动将电源切除。为此,采用速度继电器来检测电动机的速度变化,在 120～3 000 r/min 范围内速度继电器触头动作,当转速低于 100 r/min 时,其触头恢复原位。

1. 单向反接制动控制电路

单向反接制动控制电路如图 1.3.7。启动时,按下启动按钮 SB₂,接触器 KM₁通电并自锁,电动机 M 通电启动。在电动机正常运转时,速度继电器 KS 的常开触头闭合,为反接制动做好准备,停车时,按下停止按钮 SB₁,常闭触头断开,接触器 KM₁线圈断电,电动机 M 脱离电源,由于此时电动机的惯性转速还很高,KS 的常开触头依然处于闭合状态,所以,当 SB₁常开触头闭合时,反接制动接触器 KM₂线圈通电并自锁,其主触头闭合,使电动机定子绕组得到与正常运转相序相反的三相交流电源,电动机进入反接制动状态,转速迅速下降,当电动机转速接近于零时,速度继电器常开触头复位,接触器线圈电路被切断,反接制动结束。

2. 可逆运行的反接制动控制电路

电动机可逆运行的反接制动控制电路如图 1.3.8 所示,工作原理请读者自行分析。

能耗制动与反接制动的比较如表 1.3.1 所示。

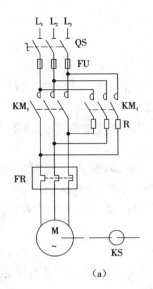

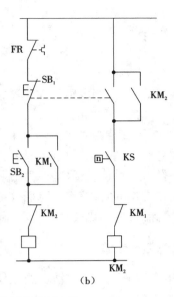

图 1.3.7 单向反接制动控制电路

（a）主电路 （b）控制电路

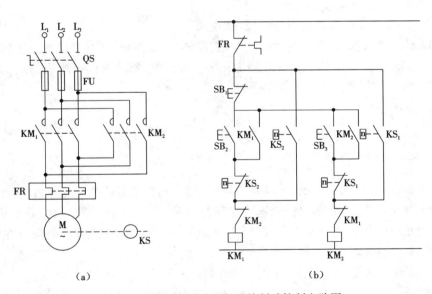

图 1.3.8 电动机可逆运行反接制动控制电路图

（a）主电路 （b）控制电路

表 1.3.1 能耗制动与反接制动的比较

制动方式	能耗制动	反接制动
制动特点	制动平稳、准确，能量消耗小。制动力弱，制动转矩与转速成比例地减小，需直流电源	制动力强，效果显著。制动过程有冲击，易损坏运动部件，能量消耗大，不易停在准确位置
适用场合	要求制动平稳、准确的设备	不经常启动的设备

四、任务解决方案

（一）电路的安装

依据异步电动机制动控制电路图在电器柜上安装好相应的元件，安装时要符合任务一的规范，下面重点介绍速度继电器的安装。

速度继电器的转子安装在异步电动机的主轴上，卸开速度继电器的外罩，可以清楚地看到它里面有两组触点，分别与电动机的正转与反转相关联。

当电动机正常转动时，速度继电器两组触点中的一组是闭合的，反接制动时电动机速度逐渐降低，当速度接近于零时，该组触点断开，电路被切断，反接制动结束。

电路安装时要弄清，电动机转动时是和哪一组触点相关联，然后再将这组触点接入电路。

（二）电路的故障检修

电动机控制电路的故障检修方法已经在任务一中提到，下面以可逆运行能耗制动控制电路为例介绍故障检修的方法。

（1）将电路断电，用万用表测试任意两相电源输出端，观察其电阻是否为零，如果为零，表示存在两相短路，要进一步查找短路点。

（2）如果没有短路，就合闸运行，观察故障现象。

（3）按动启动按钮，运行之后按动停止按钮，反转，按动停止按钮，看是否能达到能耗制动的效果，哪一环节现象不正常，就将故障集中在哪一段支路，然后再用万用表测试找出具体的故障点。测试方法在任务一中已经讲述，可以参考。

五、知识拓展

（一）电磁抱闸制动

电磁抱闸即制动电磁铁。闸轮与电动机同轴安装，闸瓦是借助弹簧的弹力"抱住"闸轮制动的。由图1.3.9可以看出，如果弹簧选用拉簧，则闸瓦平时处于"松开"状态，如选用压簧，则闸瓦平时处于"抱住"状态。原始状态不同，相应的控制电路也就不同，但都应在电动机运转时，闸瓦松开，电动机停转时，闸瓦抱住。

闸瓦平时处于"抱住"状态的控制电路如图1.3.9所示。

闸瓦平时处于"松开"状态的控制电路如图1.3.10所示。

（二）电磁离合器制动

电磁离合器制动种类很多，在此介绍摩擦片式电磁离合器。它利用表面摩擦来传递或隔离两根转轴的运动和转矩，以改变所控制的机械装置的运动状态。

在电磁离合器未动作前，主动轴由电动机带动旋转，从动轴不转动，当励磁线圈通入直流电后，产生的电磁力吸引从动轴上的盘形衔铁，克服弹簧弹力，向主动轴靠拢并压紧在摩擦片环上，主动轴的转矩通过摩擦片环传递给从动轴。当励磁线圈断电时，弹簧力将盘形衔铁推

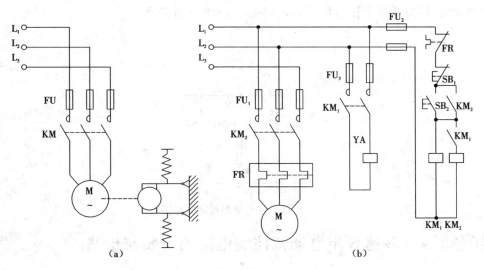

图 1.3.9 闸瓦平时处于"抱住"状态的控制电路图
（a）电磁抱闸原理图 （b）顺序通电电路

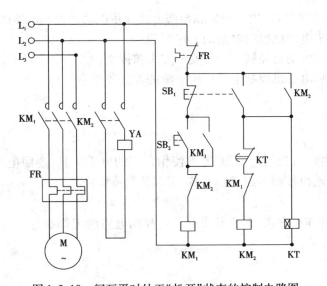

图 1.3.10 闸瓦平时处于"松开"状态的控制电路图

开,使从动轴和主动轴脱离。

六、任务小结

通过本任务的学习,应掌握速度继电器的使用,电动机制动控制不同种类电路的分析、装配和检修方法。

七、巩固与提高

(1)电厂常用的闪光电源控制电路如图 1.3.11 所示。当发生故障时,事故继电器 KA 的常开触点闭合,试分析图中信号灯 HL 发出闪光信号的工作原理。

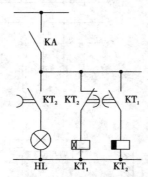

图 1.3.11　闪光电源控制电路图

▶ 任务1.4　多速异步电动机控制电路的安装与检修

一、任务目标

学习本任务后,你将具备安装、调试和检修多速异步电动机控制电路的能力。

➢ 了解多速异步电动机控制电路的工作原理;
➢ 掌握多速异步电动机控制电路的安装方法和技能;
➢ 掌握多速异步电动机控制电路排除故障的方法和技能。

二、任务描述

1. 任务要求

给出多速异步电动机控制电路图,要求使用常用的电工工具,遵照电气安装及检测工艺规范,对多速异步电动机控制电路进行安装、调试和故障检修。

2. 新知识点简介

△/YY、Y/YY 的连接方式,多速异步电动机控制电路的工作原理,多速异步电动机控制电路的安装和检修方法。

三、相关知识

一般电动机只有一种转速,机械部件(如机床的主轴)是用减速箱来调整的。但在有些机床中,如 T68 镗床和 M1432 万能外圆磨床的主轴,要得到较宽的调整范围,则采用双速电动机来传动。有的机床还采用了三速电动机和四速电动机等。

通过异步电动机转速表达式 $n = n_0(1-s) = \dfrac{60f}{p}(1-s)$ 知道,可以采取改变磁极对数 p、电源频率 f 或转差率 s 来调整。多速异步电动机是改变 p 调速的,称为变极调速。通常采用改变定子绕组的接法来改变磁极对数。

若绕组改变一次极对数,可获得两个转速,称为双速电动机;改变两次极对数,可获得三个转速,称为三速电动机;同理,有四速、五速电动机。

当定子绕组的极对数改变后,转子绕组必须相应改变,由于笼式感应电动机的转子无固定的极对数,能随着定子绕组极对数的变化而变化,故变极调速仅适用于这种类型的电动机。

(一)双速电动机的接线方式

双速电动机的每相绕组可以串联或并联,对于三相绕组,还可连接成星形或三角形,这样组合起来接线的方式就多了。双速电动机常用的接线方式有△/YY 和 Y/YY 两种。

4/2 极双速电动机△/YY 接线如图 1.4.1 所示。

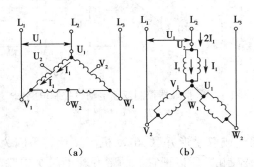

图 1.4.1　4/2 极双速电动机△/YY 接线图

(a)△连接　(b)YY 连接

4/2 极双速电动机 Y/YY 接线如图 1.4.2 所示。

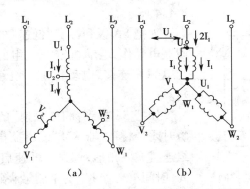

图 1.4.2　4/2 极双速电动机 Y/YY 接线图

(a)Y 连接　(b)YY 连接

(二)△/YY 连接双速电动机控制电路

1. 接触器控制双速电动机的控制电路

接触器控制双速电动机控制电路如图 1.4.3 所示。工作原理如下。

先合上电源开关 QS,按下低速启动按钮 SB$_2$,低速接触器 KM$_1$ 线圈获电,互锁触头断开,自锁触头闭合,KM$_1$ 主触头闭合,电动机定子绕组连成三角形,电动机低速运转。

如需换为高速运转,可按下高速启动按钮 SB$_3$,于是低速接触器 KM$_1$ 线圈断电释放,主触头断开,自锁触头断开,互锁触头闭合,高速接触器 KM$_2$ 和 KM$_3$ 线圈几乎同时获电动作,主触

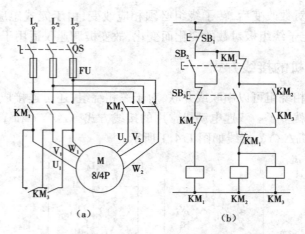

图1.4.3 接触器控制双速电动机控制电路图
(a)主电路 (b)控制电器

头闭合,使电动机定子绕组连成双星形并联,电动机高速运转。因为电动机的高速运转是由KM₂和KM₃两个接触器来控制的,所以把它们的常开辅助触头串联起来作为自锁,只有当两个接触器都吸合时才允许工作。

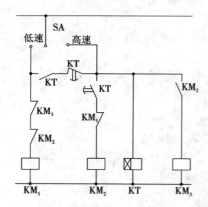

图1.4.4 时间继电器自动控制双速电动机的控制电路图

2. 时间继电器自动控制双速电动机的控制电路

时间继电器自动控制双速电动机的控制电路如图1.4.4所示。

如把SA扳到标有"低速"的位置时,接触器KM₁线圈获电动作,电动机定子绕组的三个出线端U₁、V₁、W₁与电源相连接,电动机定子绕组连成三角形,以低速运转。

如把SA扳到标有"高速"的位置时,时间继电器KT瞬时闭合,接触器KM₁线圈获电动作,使电动机定子绕组连接成三角形,首先以低速启动。经过一定的整定时间,时间继电器KT的常闭触头延时断开,接触器KM₁线圈断电释放,时间继电器KT的延时常开触头延时闭合,接触器KM₂线圈获电动作,紧接着KM₃接触器线圈也获电动作,使电动机定子绕组接成双星形,以高速运转。

四、任务解决方案

(一)电路的安装

依据多速异步电动机控制电路图在电器柜上安装好相应的元件,安装时要符合任务一的规范,此处与前几个任务的不同在于多速电动机的接线。

双速电动机常用的接线方式有△/YY和Y/YY两种,接线时重点弄清电动机内部端子的连接,其外围控制电路的连接和普通电动机连接方法基本一致。由于多速电动机引出的端子比较多,所以要注意辨别,只要认真地按照端子号接好,就没有问题。

另外电路中有时间继电器的,还要注意时间继电器的类型,可以参照任务二进行安装。

(二)电路的故障检修

电动机简单控制电路的故障检修方法在前几个任务中已经基本阐明,这里将设备维修的注意事项做一些总结。

(1)检修前要认真阅读电路图,熟练掌握各个控制环节的原理及作用,并认真仔细地观察教师的示范。

(2)由于设备低压电气控制与机械结构的配合十分紧密,再出现故障时,应注意判明是机械故障还是电气故障。

(3)应首先检查各开关是否处于正常工作位置,再查看三相电源及各熔断器是否正常。

(4)修复故障后,要注意消除产生故障的根本原因。

五、知识拓展

(一)三速电动机的接线方式

三速异步电动机有三个转速,其定子绕组具有两套绕组,其中一套变极绕组通过△/YY连接变更极数,设三角形连接为 8 极,双星形连接为 4 极;另一套单独绕组为 6 极,这样电动机就有了 8、6、4 三个磁极的转速。

当单独绕组工作时,变极的那一套绕组三角形连接变为开口的三角形连接。因为单独绕组工作时,变极绕组处于单独绕组的旋转磁场中,如变极绕组仍为三角形连接,则其绕组中肯定会有电流,这样既浪费电能,又会发热,加速绝缘老化,因此,变为开口三角形,以防止环流产生。

(二)三速异步电动机控制电路

1. 按钮控制电路

三速异步电动机按钮控制电路如图 1.4.5 所示,三个按钮 SB_2、SB_3、SB_4 分别控制电动机的低速、中速和高速。由于没有采用按钮互锁,在换锁时,要先按停止按钮 SB_1,再按相应的按钮。

2. 自动控制电路

三速异步电动机自动控制电路如图 1.4.6 所示,工作原理请自行分析。

六、任务小结

通过该任务的学习,我们应掌握多速电动机制动控制电路的分析、装配和检修。

七、巩固与提高

(1)讨论多速异步电动机是靠改变什么来改变速度的?

(2)分析接触器控制双速电动机的控制电路,如图 1.4.7 所示。

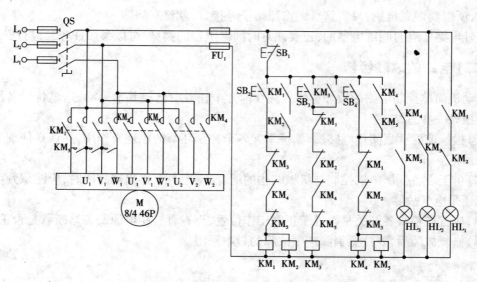

图 1.4.5 三速异步电动机按钮控制电路图

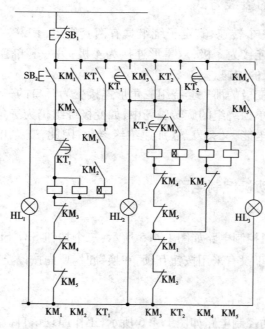

图 1.4.6 三速异步电动机自动控制电路图

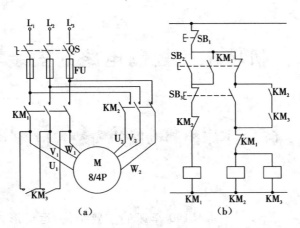

图 1.4.7 接触器控制双速电动机控制电路图
(a)主电路 (b)控制电路

项目二 机床电气控制电路的安装与检修

任务2.1 CA6140 车床控制电路的安装与检修

一、任务目标

通过本任务的学习,能够了解 CA6140 车床的主要结构、运动形式和控制要求。掌握 CA6140 车床电气控制电路的工作原理,能熟练安装 CA6140 车床控制电路,并进行故障检修。

➤ 了解 CA6140 车床的功能、结构及运动形式;

➤ 掌握 CA6140 车床电气控制电路的工作原理;

➤ 掌握相关低压电器安装及接线的工艺要求;

➤ 掌握 CA6140 车床电气控制电路的安装方法和技能;

➤ 掌握 CA6140 车床电气控制电路故障的检修方法和技能;

➤ 掌握机床电气原理图的识图要点。

二、任务描述

1. 任务要求

根据运动形式和电气控制要求,分析 CA6140 车床控制电路的工作原理,了解相应电气元件的结构和工作原理,完成 CA6140 车床的电气控制电路的安装与调试,运用机床电气控制电路的故障检修方法和步骤,检修 CA6140 车床的电气故障。

2. 新知识点简介

CA6140 车床的结构和运动形式;CA6140 车床工作原理图;CA6140 车床电气控制电路安装;CA6140 车床常见电气故障检修方法和步骤。

三、相关知识

（一）CA6140 普通车床的结构及运动形式剖析

车床是一种应用极为广泛的金属切削机床,能够车削外圆、内圆、端面、螺纹、螺杆,车削定型表面,并可用钻头、绞刀等进行加工。CA6140 型号意义为:C 表示车床,A 表示第一次重大改进,6 表示落地及普通车床,1 表示普通车床,40 是机床主参数,回转直径为 400 mm。

1. CA6140 普通车床的主要结构

CA6140 普通车床主要由床身、主轴箱、进给箱、溜板箱、刀架、丝杠、光杠、尾架等部分组成。图 2.1.1 是 CA6140 型普通车床的外形。

2. CA6140 普通车床的运动形式

为了加工各种旋转表面,车床必须进行切削运动和辅助运动。切削运动包括主运动和进

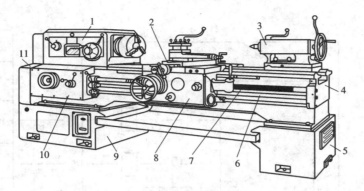

图 2.1.1　CA6140 型普通车床外形图

1—主轴箱　2—刀架　3—尾座　4—床身　5,9—床腿　6—光杠　7—丝杠
8—溜板箱　10—进给箱　11—挂轮变速机构

给运动,而除此之外的其他运动皆为辅助运动。主运动即主轴的运动,即卡盘或顶尖带着工件的旋转运动。进给运动是指刀架的纵向或横向直线运动。刀架的进给运动也是由主轴电动机拖动的,其运动方式有手动和自动两种。辅助运动是指刀架的快速移动、尾座的移动以及工件的夹紧与放松等。

(二) CA6140 普通车床的控制要求

从车床的加工工艺特点出发,中小型卧式车床的电气控制要求如下。

(1)主轴电动机一般选用三相笼型异步电动机。为了满足主运动与进给运动之间严格的比例关系,只用一台电动机来驱动。为了满足调速要求,通常采用机械变速。

(2)为了车削螺纹,要求主轴电动机能够正反向运行。由于主轴电动机容量较大,主轴的正反向运行则靠摩擦离合器来实现,电动机只作单向旋转。

(3)车削加工时,为防止刀具与工件温度过高,需要冷却液对其进行冷却,为此设置一台冷却泵电动机,冷却泵电动机只需单向旋转。当主轴电动机启动后冷却泵电动机才能动作,当主轴电动机停车时,冷却泵电动机应立即停车。

(4)为实现溜板的快速移动,应由单独的快速移动电动机来拖动,即采用点动控制。

(5)电路应具有必要的短路、过载、欠电压和零电压等保护环节,并具有安全可靠的局部照明和信号指示。

(三) CA6140 车床电气原理图

CA6140 车床电气原理如图 2.1.2 所示。

1. 主电路分析

三相交流电源由转换开关 QS_1 引入。FU 实现整个车床控制电路的短路保护。

M_1 为主轴电动机,带动主轴旋转和刀架的进给运动,由接触器 KM_1 控制,熔断器 FU 实现短路保护,热继电器 FR_1 实现过载保护。

M_2 为冷却泵电动机,输送冷却液;由中间继电器 KA_1 控制,热继电器 FR_2 实现过载保护。M_3 为刀架快速移动电动机,由中间继电器 KA_2 控制。FU_1 熔断器实现对电动机 M_2、M_3 和控制

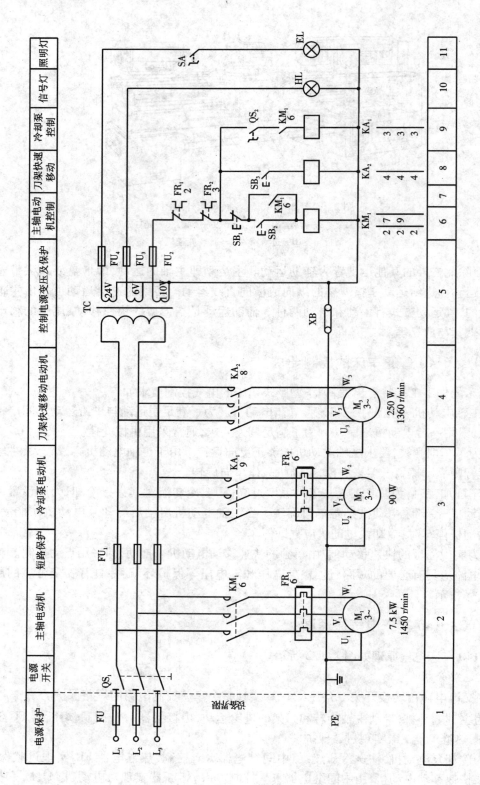

图 2.1.2　CA6140 车床电气原理图

变压器 TC 的短路保护。

2. 控制电路分析

控制电路的电源由控制变压器 TC 的二次侧输出 110 V 电压提供。

1）主轴电动机 M_1 的控制

$$按下 SB_2 \rightarrow KM_1 线圈得电 \begin{cases} \rightarrow KM_1 \text{ 主触头闭合} \longrightarrow M_1 \text{ 启动运转} \\ \rightarrow KM_1 \text{ 自锁触头闭合} \\ \rightarrow KM_1 \text{ 常开辅助触头闭合} \rightarrow \text{为 } KA_1 \text{ 线圈得电作准备} \end{cases}$$

主轴的正反转是采用多片摩擦离合器实现的。

2）冷却泵电动机 M_2 的控制

由图 2.1.2 可见，主轴电动机 M_1 与冷却泵电动机 M_2 两台电动机之间实现顺序控制。只有当电动机 M_1 启动运转后，合上转换开关 QS_2，中间继电器 KA_1 线圈才会获电，其主触头闭合使电动机 M_2 释放冷却液。

3）刀架快速移动电动机 M_3 的控制

刀架快速移动的电路为点动控制，因此在主电路中未设过载保护。刀架移动方向（前、后、左、右）的改变，是由进给操作手柄配合机械装置来实现的。如需要快速移动，按下按钮 SB_3 即可。

3. 照明、信号电路分析

照明灯 EL 和指示灯 HL 的电源分别由控制变压器 TC 二次侧输出 24 V 和 6 V 电压提供。照明灯 EL 开关为 SA，指示灯 HL 为电源指示灯，只要接通电源，灯就会亮。熔断器 FU_3 和 FU_4 分别作为指示灯 HL 和照明灯 EL 的短路保护。接触器 KM_1、中间继电器 KA_1 可实现失压和欠压保护。

另外，为防止电动机外壳漏电伤人，电动机外壳均与地线连接。XB 为连接片，可连也可不连。

四、任务解决方案

（一）CA6140 普通车床的安装

1. 准备工作

在电气控制板制作之前，必须做好充分的准备。操作过程和方法如下。

(1)按原理图准备好各种电气元件、材料，其中包括接触器、控制按钮、热继电器、接线端子以及连接导线等。主电路中导线截面根据电动机的型号和规格选择，主轴电动机 M_1 为 7.5 kW，选择 4 mm² BVR 型塑料铜芯线；进给电动机和冷却泵电动机 M_2、M_3，分别为 0.09 kW 和 0.125 kW，选择 1.5 mm² BVR 型塑料铜芯线。控制回路一律用 1.0 mm² 的塑料铜芯线；敷设控制板选用单芯硬导线；其他连接用多股同规格塑料铜芯软导线，导线的绝缘耐压等级为 500 V。

(2)核对所有电气元件的型号、规格及数量，检测是否良好；检测电动机三相电阻是否平衡，绝缘是否良好，若绝缘电阻低于 0.5 MΩ，则必须进行烘干处理，或进一步检查故障原因并予以处理；检测控制变压器一、二次侧绝缘电阻，检测试验状态下两侧电压是否正常；检查开关元件的开关性能是否良好,外形是否良好。

(3)准备电工工具一套。常用电工工具有钢丝钳、尖嘴钳、圆嘴钳、螺丝刀、电工刀、活扳手、测电笔以及断线钳、紧线钳、搭压钳等;仪表按用途分有电流表、电压表、电度表和万用表等。

2.电气元件的布置

(1)同一组件中应注意将体积大和较重的电气元件安装在电器板的下面,而发热元件应安装在电气控制柜的上部或后部,但热继电器宜放在其下部,因为这样热继电器的出线端直接与电动机相连,便于出线,而其进线端与接触器直接相连,便于接线,并使走线最短,且宜于散热。

(2)强电、弱电分开并注意屏蔽,防止外界干扰。

(3)需要经常维护、检修、调整的电气元件安装位置不宜过高或过低,人力操作开关及需经常监视的仪表的安装位置应符合人体工程学原理。

(4)电气元件的布置应考虑安全间隙,并做到整齐、美观、对称,外形尺寸与结构类似的电器可安装在一起,以利加工、安装和配线。若采用行线槽配线方式,应适当加大各排电器的间距,以利布线和维护。

3.电气元件的安装

1)电动机的安装

电动机的安装一般采用起吊装置先将电动机水平吊起至中心高度并与安装孔对正,装好电动机与齿轮箱的连接件,并相互对准。再将电动机与齿轮连接件啮合,对准电动机安装孔,旋紧螺栓,最后撤去起吊装置。

2)交流接触器的安装

(1)安装前的准备。应检查产品的铭牌及线圈上的数据,如额定电压、电流、操作频率和负载因数等,是否符合实际使用要求。用于分合接触器的活动部分,要求产品动作灵活无卡住现象。当接触器铁芯极面涂有防锈油时,使用前应将铁芯极面上的防锈油擦净,以免油垢黏滞而造成接触器断电不释放。检查和调整触头的工作参数(开距、超程、初压力和终压力等),并使各极触头同时接触。

(2)安装与调整。安装接线时,应注意勿使螺钉、垫圈、接线头等零件遗漏,以免落入接触器内造成卡住或短路现象。安装时,应将螺钉拧紧,以防振动松脱。检查接线正确无误后,应在主触头不带电的情况下,先使吸引线圈通电分合数次,检查产品动作是否可靠,然后才能投入使用。用于可逆转换的接触器,为保证联锁可靠,除装有电气联锁外,还应加装机械联锁机构。

3)热继电器的安装

(1)首先应按说明书将热继电器正确安装,一般都安装在其他电器的下方,以免其他电器发热影响它的动作准确性。

(2)热元件的动作电流可以调整(常称整定),调整的电流值(简称整定值)一般等于电动机的额定电流。若启动频繁或启动时间较长的电动机,可使动作电流等于额定值的 1.1 ~ 1.5 倍。

(3)热继电器自动作后,可在 2 min 后按手动复位按钮使它恢复到原来的状态,否则它不再动作。一般复原在 3~5 min 后,才允许重新启动电动机。

(4)热熔断体采用螺钉、铆接或接线柱固定方式时,应能防止机械蠕变而导致接触不良现象的发生。连接部件应能够在电器产品工作范围内可靠地工作,不会因振动、冲击而发生位移。

(5)引线焊接作业时,应将加热温度限制在最小,注意不得在热熔断体上外加高温;不得强行牵拉、按压、扭拧热熔断体和引线;焊接完毕后,应立即冷却 30 s 以上。热熔断体只能在规定的额定电压、电流和指定温度的条件下使用,尤其要注意不要超过热熔断体可连续承受的最大温度。

(6)若热元件损坏后,应采用同样规格的热元件更换,不得随意更改规格。

4)中间继电器的安装

中间继电器的作用是用来传递信号或同时控制多个电路,也可直接用它来控制小容量电动机或其他电气执行元件,它的结构和交流接触器基本相同,只是电磁系统小些,触点多些,没有主触点和辅助触点之分。它的安装要求与交流接触器相同。

4.机床的电气连接

通过机床电气连接形成一个整体电气系统,总体要求是安全、可靠、美观、整齐。

(1)电气元件上端子的接线用剥线钳剪切出适当长度,剥出接线头(不宜太长,取连接时的压接长度即可),除锈,然后上镀锡,套上号码套管,接到接线端子上用螺钉拧紧即可。

(2)电气控制板上接线端子的接线操作方法同上。成捆的软导线要进行绑扎,要求整齐、美观。所有接线应连接可靠,不得松动。安装完毕后,对照原理图和接线图认真检查,检查是否有错接、漏接现象。若正确无误,则将按钮盒安装就位,关上控制箱门,即可准备试车。

(二)CA6140 普通车床常见故障检修

1.机床故障分析方法

对于机床故障,通常在断电情况下按照"片－线－点"的顺序,排除故障。具体方法是:依据故障现象,确定故障范围即"片",比如主电机不转,原因有可能在主电路也有可能在控制电路,那要根据操作机床时的各种现象,来具体判断是哪"片"电路出了问题;分析原理,进一步确定是哪条"电路"出了问题,再用万用表测量是哪"点"出现了短路、断路或器件损坏等故障。找出故障点后排除故障,再次试车时,一定要先排除电路存在的短路故障。

检查故障通常是断电检查,必要时通电检查,常用的仪表有验电笔、万用表和摇表,如电路中有直流电路,有可能需要示波器。

2.普通车床常见故障分析举例

1)故障现象:主轴电动机 M_1 不能启动

原因分析:(1)控制电路没有电压;

(2)控制电路中的熔断器 FU_2 熔断;

(3)接触器 KM_1 未吸合,按启动按钮 SB_2,接触器 KM_1 若不动作,故障必定在控制电路,如按钮 SB_1、SB_2 的触头接触不良,接触器线圈断线,就会导致 KM_1 不能通电动作;当按 SB_2 后,若接触器吸合,但主轴电动机不能启动,故障原因必定在主电路中,可依次检查接触器 KM_1 主触点及三相电动机的接线端子等是否接触良好。

2）故障现象：主轴电动机不能停转

原因分析：这类故障多数是由于接触器 KM_1 的铁芯极面上的油污使铁芯不能释放或 KM_1 的主触点发生熔焊，或停止按钮 SB_1 的常闭触点短路所造成的。应切断电源，清洁铁芯极面的污垢或更换触点，即可排除故障。

3）故障现象：主轴电动机的运转不能自锁

原因分析：当按下按钮 SB_2 时，电动机能运转，但放松按钮后电动机即停转，这是由于接触器 KM_1 的辅助常开触头接触不良或位置偏移、卡阻现象引起的故障。这时只要将接触器 KM_1 的辅助常开触点进行修整或更换即可排除故障。辅助常开触点的连接导线松脱或断裂也会使电动机不能自锁。

4）故障现象：刀架快速移动电动机不能运转

原因分析：按点动按钮 SB_3，接触器 KA_2 未吸合，故障必然在控制电路中，这时可检查点动按钮 SB_3、接触器 KA_2 的线圈是否断路。

五、知识拓展

机床电气原理图识图要点，大致可以归纳为以下几点。

（1）必须熟悉图中各种电气元件的符号和作用。

（2）阅读主电路。应该了解主电路有哪些用电设备（如电动机、电炉等）以及这些设备的用途和工作特点。并根据工艺过程，了解各用电设备之间的相互联系及采用的保护方式等。在完全了解主电路的这些工作特点后，就可以根据这些特点再去阅读控制电路。

（3）阅读控制电路。控制电路由各种电器组成，主要用来控制主电路工作。在阅读控制电路时，一般先根据主电路接触器主触点的文字符号，到控制电路中去找与之对应的吸引线圈，进一步弄清楚电机的控制方式。这样可将整个电气原理图划分为若干部分，每一部分控制一台电动机。另外控制电路依照安装工艺要求，按动作的先后顺序，自上而下、从左到右、并联排列。因此读图时也应当自上而下、从左到右，一个环节一个环节地进行分析。

（4）对于机、电、液配合得比较紧密的生产机械，必须进一步了解有关机械传动和液压传动的情况，有时还要借助于工作循环图和动作顺序表，配合电器动作来分析电路中的各种联锁关系，以便掌握其全部控制过程。

（5）阅读照明、信号指示、监测、保护等各辅助电路环节。

对于比较复杂的控制电路，可按照先简后繁、先易后难的原则，逐步解决。因为无论怎样复杂的控制电路，总是由许多简单的基本环节所组成。阅读时可将它们分解开来，先逐个分析各个基本环节，然后再综合起来全面加以解决。

概括地说，阅读的方法可以归纳为：从机到电、先"主"后"控"、化整为零、连成系统。

六、任务小结

在本任务中，介绍了 CA6140 车床的结构和控制要求，根据控制要求给出了 CA6140 车床电气控制原理图，对控制原理图中的主电路和控制电路的各个控制环节进行了详细分析，清晰呈现了 CA6140 车床的控制原理，在熟知车床控制原理的基础上介绍了 CA6140 车床电气控制电路的安装知识，并对 CA6140 车床常见故障现象进行了举例分析，最后在知识扩展单元给出了机床电气原理图的识图要点。

七、巩固与提高

（1）CA6140 车床型号的意义是什么？

（2）CA6140 车床的控制要求有哪些？

（3）分析 CA6140 车床的控制原理。

（4）绘制实现刀架快速移动（点动）的电气控制电路图。

（5）设计一个两处控制的电路，一处长动控制，一处点动控制。

（6）分析以下电路的控制原理。

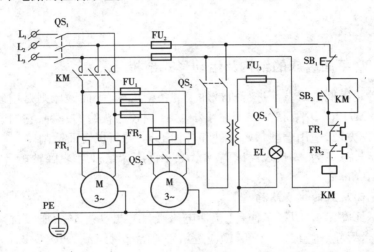

任务 2.2　M7120 平面磨床控制电路的安装与检修

一、任务目标

通过本任务的学习，了解 M7120 平面磨床的主要结构、运动形式和控制要求。掌握 M7120 平面磨床电气控制电路的工作原理，能熟练安装 M7120 平面磨床控制电路，并进行故障检修。

➤ 了解 M7120 平面磨床的功能、结构和运动形式；

➤ 认知电磁吸盘等电气元件、电工材料的实物；

➤ 掌握 M7120 平面磨床电气控制电路的工作原理；

➤ 掌握电磁吸盘等相关电气元件的安装与接线的工艺要求；

➤ 掌握 M7120 平面磨床电气控制电路的安装方法和技能；

➤ 掌握 M7120 平面磨床电气控制电路电气故障的检修方法和技能；

➤ 掌握机床电气维修的常用方法。

1. 任务要求

现有 M7120 平面磨床,根据其运动形式和电气控制要求,分析 M7120 平面磨床控制电路的工作原理,了解相应电气元件的结构和工作原理,合理布置电气元件,完成 M7120 平面磨床控制电路的安装和调试,运用机床的故障检修方法和步骤,检修 M7120 平面磨床电气故障。

2. 新知识点简介

M7120 平面磨床的结构和运动形式;M7120 平面磨床的工作原理图;电磁吸盘的结构和工作原理;M7120 平面磨床常见故障及检修方法。

三、相关知识

(一)M7120 平面磨床的结构及运动形式剖析

磨床是用砂轮的周边或端面进行机械加工的精密机床,平面磨床则是用砂轮磨削加工各种零件的平面。M7120 型平面磨床是平面磨床中使用较为普遍的一种,它的磨削精度和光洁度都比较高,操作方便,适用磨削精密零件和各种工具,并可以镜面磨削。

M7120 的型号意义为:M 代表磨床类;7 代表平面磨床组;1 代表卧轴矩台式;20 代表工作台的工作面宽 200 mm。

1. M7120 平面磨床的主要结构

M7120 型平面磨床由床身、工作台(包括电磁吸盘)、磨头、立柱、拖板、行程挡块、砂轮修正器、驱动工作台手轮、垂直进给手轮、横向进给手轮等部件组成,如图 2.2.1 所示。

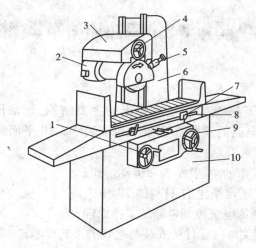

图 2.2.1　M7120 平面磨床结构图

1—工作台纵向移动手轮　2—砂轮架　3—滑板座　4—砂轮横向进给手轮　5—砂轮修正器
6—立柱　7—撞块　8—工作台　9—砂轮垂直进给轮　10—床身

2. M7120 型平面磨床的运动形式

M7120 型平面磨床共有四台电动机。砂轮电动机是主运动电动机,它直接带动砂轮旋转,对工件进行磨削加工。砂轮升降电动机使拖板(磨头安装在拖板上)沿立轴导轨上下移动,用以调整砂轮位置。液压泵电动机驱动液压泵进行液压传动,用来带动工作台和砂轮的往复运动;由于液压传动较平稳,换向惯性小,所以换向平稳、无振动,并能实现无级调速,从而保证加工精密。冷却泵电动机带动冷却泵供给砂轮对工件加工时所需的冷却液,同时利用冷却液带走磨下的铁屑。

(二)M7120 型平面磨床的控制要求

1. 主电路

磨床对砂轮电动机、液压泵电动机和冷却液泵电动机只要求单向运转,而对砂轮升降电动机要求能双向运转。

2. 控制电路

(1)为了保证安全生产,电磁吸盘与液压泵、砂轮、冷却泵三台电动机间应有电气联锁装置,当电磁吸盘不工作或发生故障时,三台电动机均不能启动。

(2)冷却泵电动机只有在砂轮电动机工作时才能够启动,并且工作状态可选。

(3)电磁吸盘要求有充磁和退磁功能。

(4)指示电路应能正确显示电源和液压泵、砂轮、砂轮升降三台电动机以及电磁吸盘的工作情况。

(5)电路应设有必要的短路保护、过载保护和电气联锁保护。

(6)电路应设有局部照明装置。

(三)电气控制电路分析

M7120 型平面磨床的电气控制电路如图 2.2.2 所示。图中分为主电路、控制电路、电磁工作台控制电路及照明与指示灯电路四部分。

1. 主电路

主电路共有四台电动机,其中 M_1 是液压泵电动机,它驱动液压泵进行液压传动,实现工作台和砂轮的往复运动。M_2 是砂轮电动机,它带动砂轮转动来完成磨削加工工件。M_3 是冷却泵电动机,它供给砂轮对工件加工时所需的冷却液。它们分别用接触器 KM_1、KM_2 控制。冷却泵电动机 M_3 只有在砂轮电机 M_2 运转后才能运转。M_4 是砂轮升降电动机,它用于磨削过程中调整砂轮与工件之间的位置。M_1、M_2、M_3 是长期工作的,所以电路都设有过载保护。M_4 是短期工作的,电路不设过载保护。四台电动机共用一组熔断器 FU_1 做短路保护。

2. 控制电路

1)液压泵电动机 M_1 的控制

合上电源开关 QS,如果整流电源输出直流电压正常,则在图区 17 上的欠压继电器 KV 线圈通电吸合,使图区 7(2-3)上的常开触点闭合,为启动液压电动机 M_1 和砂轮电动机 M_2 做好准备。如果 KV 不能可靠动作,则液压电动机 M_1 和砂轮电动机 M_2 均无法启动。因为平面磨床的工件是靠直流电磁吸盘的吸力将工件吸牢在工作台上,只有具备可靠的直流电压后,才允许启动砂轮和液压系统,以保证安全。

当 KV 吸合后,按下启动按钮 SB_3,接触器 KM_1 线圈吸合并自锁,液压泵电动机 M_1 启动运

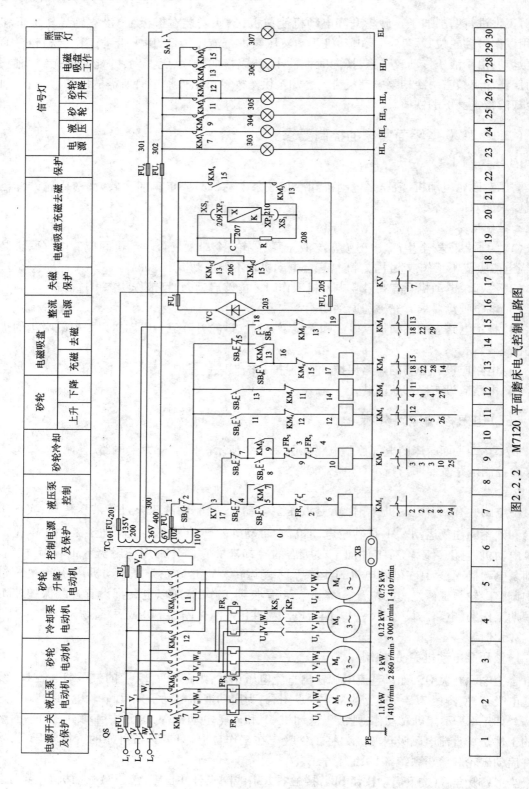

图2.2.2 M7120 平面磨床电气控制电路图

转,HL$_2$指示灯亮。若按下停止按钮 SB$_2$,接触器 KM$_1$线圈断电释放,电动机 M$_1$断电停转,HL$_2$指示灯熄灭。

2)砂轮电动机 M$_2$及冷却泵电动机 M$_3$的控制

电动机 M$_2$及 M$_3$也必须在 KV 通电吸合后才能启动。按启动按钮 SB$_5$,接触器 KM$_2$线圈通电吸合,砂轮电动机 M$_2$启动运转。由于冷却泵电动机 M$_3$通过接插器 KP$_1$和 M$_2$联动控制,所以 M$_2$和 M$_3$同时启动运转。当不需要冷却时,可将插头 KP$_1$和 KS$_1$拉出。按下停止按钮 SB$_4$时,接触器 KM$_2$线圈断电释放,M$_2$与 M$_3$同时断电停转。

两台电动机的过载保护热继电器 FR$_2$和 FR$_3$的常闭触头都串联在 KM$_2$电路上,只要有一台电动机过载,就使接触器 KM$_2$失电。因冷却液循环使用,经常混有污垢杂质,很容易引起冷却泵电动机 M$_3$过载,故用热继电器 FR$_3$进行过载保护。

3)砂轮升降电动机 M$_4$的控制

砂轮升降电动机只有在调整工件和砂轮之间位置时使用。

按下点动按钮 SB$_6$,接触器 KM$_3$线圈获电吸合,电动机 M$_4$启动正转,砂轮上升。达到所需位置时,松开 SB$_6$,接触器 KM$_3$线圈断电释放,电动机 M$_4$停转,砂轮停止上升。

按下点动按钮 SB$_7$,接触器 KM$_4$线圈获电吸合,电动机 M$_4$启动反转,砂轮下降,当达到所需位置时,松开 SB$_7$,KM$_4$断电释放,电动机 M$_4$停转,砂轮停止下降。

为了防止电动机 M$_4$正反转电路同时接通,故在对方电路中串入接触器 KM$_4$和 KM$_3$的常闭触头进行联锁控制。

3.电磁工作台控制电路分析

电磁工作台又称电磁吸盘,它是固定加工工件的一种夹具。它利用通电导体在铁芯中产生的磁场吸牢铁磁材料的工件,以便加工。它与机械夹具比较,具有夹紧迅速、不损伤工件、一次能吸牢若干个小工件以及工件发热可以自由伸缩等优点,因而电磁吸盘在平面磨床上用得十分广泛。电磁吸盘结构如图 2.2.3 所示。其外壳是钢制箱体,中部的芯体上绕有线圈,吸盘的盖板用非磁性材料(如铅锡合金)隔离成若干小块。当线圈通上直流电以后,电磁吸盘的芯体被磁化,产生磁场,磁通便以芯体和工件做回路,工件被牢牢吸住。

电磁吸盘的控制电路包括三个部分:整流装置、控制装置和保护装置。

1)整流装置

整流装置由变压器 TC 和单相桥式全波整流器 VC 组成,供给 110 V 直流电源。

2)控制装置

控制装置由 SB$_8$、SB$_9$、SB$_{10}$和接触器 KM$_5$、KM$_6$等组成。

电磁工作台充磁和去磁过程如下。

(1)充磁过程。当电磁工作台上放上铁磁材料的工件后,按下电磁按钮 SB$_8$,接触器 KM$_5$线圈获电吸合,接触器 KM$_5$的两副主触头区 18(204 – 206)、区 21(205 – 208)闭合,同时其自锁触头区 14(15 – 16)闭合,联锁触头区 15(18 – 19)断开,电磁吸盘 YH 通入直流电流进行充磁将工件吸牢,然后进行磨削加工。磨削加工完毕后,在取下加工好的工件时,先按下按钮 SB$_9$,接触器 KM$_5$断电释放,切断电磁吸盘 YH 的直流电源,电磁吸盘断电,由于吸盘和工件都有剩磁,要取下工件,需要对吸盘和工件进行去磁处理。

(2)去磁过程。按下点动按钮 SB$_{10}$,接触器 KM$_6$线圈获电吸合,接触器 KM$_6$的两付主触头

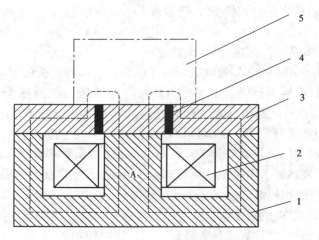

图 2.2.3　电磁吸盘图

1—钢制吸盘体　2—线圈　3—钢制盖板　4—隔磁层　5—工件

区 18(205－206)、区 21(204－208)闭合,电磁吸盘 YH 通入反向直流电,使电磁吸盘和工件去磁。去磁时,为了防止电磁吸盘和工件反向磁化将工件再次吸住,仍取不下工件,所以要注意按点动按钮 SB_{10} 的时间不能过长,同时接触器 KM_6 采用点动控制方式。

3)保护装置

保护装置由放电电阻 R、电容 C 以及欠压继电器 KV 组成。

(1)电阻 R 和电容 C 的作用。电磁盘是一个大电感,在充磁吸工件时,存储有大量磁场能量。当它脱离电源时的一瞬间,电磁吸盘 YH 的两端产生较大的自感电动势,如果没有 RC 放电回路,电磁吸盘的线圈及其他电器的绝缘将有被击穿的危险,故用电阻和电容组成放电回路。利用电容 C 两端的电压不能突变的特点,使电磁吸盘线圈两端电压变化趋于缓慢;电阻 R 能消耗电磁能量,如果参加选配得当,此时 RLC 电路可以组成一个衰减振荡电路,对去磁将是十分有利的。

(2)欠压继电器 KV 的作用。在加工过程中,若电源电压使电磁吸盘 YH 吸力不足,则电磁吸盘将吸不牢工件,会导致工件被砂轮打出的情况,造成严重事故。因此,在电路中设置了欠压继电器 KV,将其线圈并联在直流电源上,其常开触头区 7(2－3)串联在液压泵电机和砂轮电机的控制电路中,若电压过低使电磁吸盘 YH 吸力不足而吸不牢工件,欠电压继电器 KV 立即释放,使液压泵电动机 M_1 和砂轮电动机 M_2 立即停转,以确保电路的安全。

4.照明和指示灯电路

图 2.2.2 中 EL 为照明灯,其工作电压为 36 V,由变压器 TC 供给。SA 为照明开关。

HL_1、HL_2、HL_3、HL_4 和 HL_5 为指示灯,其工作电压 6 V,也由变压器 TC 供给。

五个指示灯的作用分别如下。

(1)HL_1 亮表示控制电源的电源正常;不亮,表示电源有故障。

(2)HL_2 亮表示液压泵电动机 M_1 处于运转状态,工作台正在进行往复运动;不亮,M_1 停转。

(3)HL_3 亮表示冷却泵电动机 M_3 及砂轮电动机 M_2 处于运行状态;不亮,表示 M_2、M_3 停转。

（4）HL_4 亮表示砂轮升降电动机 M_4 处于运行状态；不亮，表示 M_4 停转。

（5）HL_5 亮表示电磁吸盘 YH 处于工作状态（充磁或去磁）；不亮，表示电磁吸盘未工作。

四、任务解决方案

（一）M7120 型平面磨床的安装

M7120 型平面磨床安装前的准备、电气元件的布置原则、安装和连接与 CA6140 车床基本相同，只是在磨床的控制电路中有一个器件——电磁吸盘，电磁吸盘的安装要求如下。

矩形电磁吸盘两侧有吊装螺孔，在安装时拧入 T 形螺钉即可吊装，可用 T 形块和螺钉固定在工作台上，接通机床上的直流电源和地线，然后将吸盘上平面精磨一次，以保证上平面对底面的平行度。在吸附工件时，只要搭接相邻的两个磁极，即可获得足够的定位吸力，可进行磨削加工。吸盘不得严重磕碰，以免破坏精度，在闲置时，应擦净，涂防锈油。吸盘外壳应接地，以免漏电伤人。

（二）M7120 型平面磨床常见故障检修

1．电磁吸盘无吸力

首先检查变压器 TC 的整流输入端熔断器 FU_2 及电磁吸盘熔断器 FU_5 的熔丝是否完好，再检查接插器 XP_2 和 XS_2 接触是否良好。若均未发现故障，则可检查电磁吸盘 YH 线圈两端是否短路或断路。

2．电磁吸盘吸力不足

（1）可能由电源电压低所造成，检查时可测量整流器输出电压。

（2）可能由整流电路故障造成，检查时可测量其直流输出电压，若下降一半则判断某一整流二极管断路，更换损坏的二极管即可。若有一桥臂被击穿而形成短路，则另一桥臂二极管也会过流损坏，这时变压器升温极快，应及时切断电源。

3．电磁吸盘退磁效果差，造成工件难以取下

其故障原因在于退磁电压过高或退磁电路断开，无法退磁或退磁时间调整不当。

五、知识拓展

机床电气维修的常用方法如下。

（一）逻辑检查分析法

逻辑检查分析法就是根据机床电气控制电路的工作原理、控制环节的动作程序以及它们之间的联系，结合故障现象作具体的分析，迅速地缩小检查范围，然后判断故障所在。

对于维修人员来说，要求故障排除快，才不致影响生产。但快的前提是准。只有判断准确，才能排除迅速，逻辑检查分析法就是以准为前提、以快为手段、以排除故障为目的的一种检查方法。

（二）试验法

当判断故障集中在个别控制环节，从外表又找不到故障所在，在考虑到不损伤电气元件

和机械设备,并征得机床操作者同意的前提下,可开动机床试验。开动时可先点动试验各控制环节的动作程序,看有关电器是否按规定的顺序动作。若发现某一电器动作不符合要求,即说明故障点在与此电器有关的电路中,于是可在这部分电路中进一步检查,便可发现故障所在。

检查各控制环节动作程序时,尽可能切断主电路,仅在控制电路带电情况下进行试验,试验过程中,不得随意用外力使继电器或接触器动作,以防引起事故。

(三)测量法

在实际工作中,可以利用试电笔、万用表、灯泡以及其他自制设备等测量电路电压、电流及电气元件是否正常。随着技术的发展,测量手段也应加强。

六、任务小结

在本任务中,介绍了 M7120 平面磨床的结构和控制要求,根据控制要求给出了 M7120 平面磨床电气控制原理图,对控制原理图中的主电路和控制电路的各个控制环节以及电磁吸盘的工作原理进行了详细分析,呈现了 M7120 平面磨床的控制原理,在熟知磨床控制原理的基础上介绍了电磁吸盘的安装知识,并对 M7120 平面磨床常见故障现象进行了举例分析,最后在知识扩展单元给出了机床电气维修的常用方法。

七、巩固与提高

(1)M7120 型平面磨床型号的意义是什么?

(2)M7120 型平面磨床的控制要求有哪些?

(3)在 M7120 型平面磨床电气控制中,励磁、退磁电路各有何作用?

(4)在 M7120 型平面磨床工件磨削完毕后,为了使工件容易从工作台上取下,应使电磁吸盘去磁,此时应如何操作,电路工作情况如何?

(5)M7120 平面磨床中为什么采用电磁吸盘夹持工件?电磁吸盘线圈为何要用直流供电,而不能采用交流供电?

(6)M7120 平面磨床中有哪些保护环节?

(7)分析 M7120 型平面磨床以下电路故障的原因。

合上总电源开关 QS 后,按下 SB_3,KM_1 线圈得电吸合,但松手后 KM_1 线圈失电释放;

合上总电源开关 QS 后,控制变压器 TC 电压正常,砂轮升降工作也正常,但按下 SB_3,液压泵电动机 M_1 不能工作;

电路电源电压正常,按下充磁按钮 SB_8,接触器 KM_5 动作正常,但是电磁吸盘磁力不足。

▶ 任务2.3　Z3050 摇臂钻床控制电路的安装与检修

一、任务目标

通过本任务的学习,了解 Z3050 摇臂钻床的主要结构、运动形式和控制要求。掌握 Z3050 摇臂钻床电气控制电路的工作原理,能熟练安装 Z3050 摇臂钻床控制电路,并进行故障检修。

➢ 了解 Z3050 摇臂钻床的功能、结构及运动形式;

➢ 认知电磁阀等电气元件、电工材料的实物;

➢ 掌握 Z3050 摇臂钻床控制电路的工作原理;

➢ 掌握电磁阀等相关电气元件的安装及接线工艺要求;

➢ 掌握 Z3050 摇臂钻床电气控制电路的安装方法和技能;

➢ 掌握 Z3050 摇臂钻床电气控制电路电气故障的检修方法和技能;

➢ 掌握机床电气故障诊断的步骤。

二、任务描述

1. 任务要求

根据运动形式和电气控制要求,分析 Z3050 摇臂钻床控制电路的工作原理,了解相应电气元件的工作原理,合理布置电气元件,完成 Z3050 摇臂钻床控制电路的安装和调试,运用机床的故障检修方法和步骤,检修 Z3050 摇臂钻床电气故障。

2. 新知识点简介

Z3050 摇臂钻床的结构和运动形式;Z3050 摇臂钻床工作原理图;电磁阀的安装工艺要求;Z3050 摇臂钻床常见故障检修方法。

三、相关知识

(一) Z3050 钻床的结构及运动形式剖析

钻床是一种孔加工机床,可用于在大中型零件上进行钻孔、扩孔、铰孔、攻丝、修挂端面等。钻床的种类很多,有台式钻床、立式钻床、卧式钻床、摇臂钻床、深孔钻床、专用钻床等。在各类钻床中,摇臂钻床具有操作方便、灵活、适用范围广等优点,特别适用于多孔大型零件的孔加工,是机械加工中常用的机床设备。

Z3050 的型号意义为:Z 表示钻床,3 代表钻床组号,0 代表摇臂钻床型,50 代表最大钻孔直径为 50 mm。

1. 摇臂钻床的主要结构

Z3050 摇臂钻床主要由底座、内立柱、外立柱、摇臂、主轴箱、工作台等部分组成,其结构示意如图 2.3.1 所示。

内立柱固定在底座的一端,在它的外面套有外立柱,外立柱可绕内立柱回转 360°。摇臂的一端为套筒,它套装在外立柱上,并借助丝杆的正反转,可沿着外立柱做上下移动。由于丝

67

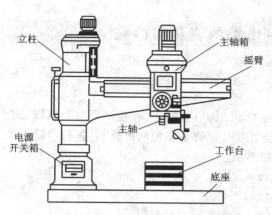

立柱

主轴箱

摇臂

主轴

电源
开关箱

工作台

底座

图 2.3.1　Z3050 摇臂钻床结构示意图

杆与外立柱连成一体,而升降螺母固定在摇臂上,因此摇臂不能绕外立柱转动,只能与外立柱一起绕内立柱回装。主轴箱是一个复合部件,由主传动电动机、主轴和主轴传动机构、进给和变速机构、机床的操作机构等组成。主轴箱安装在摇臂的水平导轨上,可以通过手轮操作,使其在水平导轨上沿摇臂移动。

2. 摇臂钻床的运动形式

当进行加工时,由特殊的夹紧装置将主轴箱紧固在摇臂导轨上,而外立柱紧固在内立柱上,摇臂紧固在外立柱上,然后进行钻削加工。钻削加工时,钻头一边进行旋转切削,一边进行纵向进给,其运动形式如下:

(1)摇臂钻床的主运动为主轴的旋转运动;

(2)摇臂钻床的进给运动为主轴的纵向进给;

(3)辅助运动有摇臂沿外立柱的垂直移动,主轴箱沿摇臂长度方向的移动,摇臂与外立柱一起绕内立柱的回转运动。

(二)电气拖动特点及控制要求

Z3050 摇臂钻床电气拖动特点及控制要求如下。

(1)Z3050 摇臂钻床采用四台电动机拖动,分别是主轴电动机、摇臂升降电动机、液压泵电动机和冷却泵电动机,这些电动机都采用直接启动方式。

(2)为适应多种形式的加工要求,摇臂钻床主轴的旋转及进给运动有较大的调速范围,一般情况下多由机械变速机构实现。主轴变速机构与进给变速机构均装在主轴箱内。

(3)摇臂钻床的主运动和进给运动均为主轴的运动,为此,这两项运动由一台主轴电动机拖动,分别经传动机构实现主轴的旋转与进给。

(4)主轴电动机的正反转采用机械方法实现,因此主轴电动机只需单向旋转。

(5)摇臂升降电动机要求能正反向旋转。

(6)内外立柱的夹紧与放松、主轴与摇臂的夹紧与放松均采用液压驱动,备有液压泵电动机,通过液压泵电动机拖动液压泵提供压力油实现。液压泵电动机要求能正反向旋转,并根据要求采用点动控制。

(7)冷却泵电动机带动冷却泵提供冷却液,只要求单向旋转。

(8)具有联锁与保护环节以及安全照明、信号指示电路。

(三)电气控制电路分析

Z3050 摇臂钻床的电气控制原理如图 2.3.2 所示。

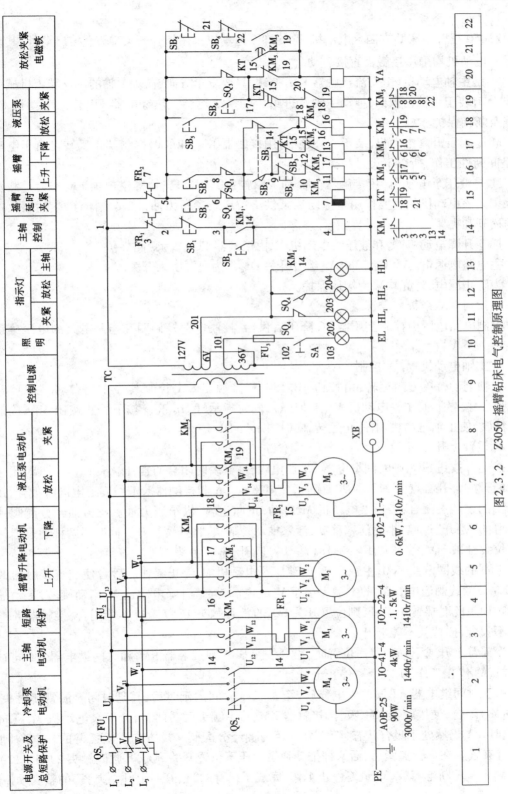

图2.3.2 Z3050摇臂钻床电气控制原理图

69

1. 主电路分析

Z3050 摇臂钻床共有四台电动机,除冷却泵电动机采用组合开关 QS_2 直接启动外,其余三台异步电动机均采用接触器直接启动。

M_1 是主轴电动机,由交流接触器 KM_1 控制,只要求单方向旋转,主轴的正反转由机械手柄操作。M_1 装于主轴箱顶部,拖动主轴及进给传动系统运转。热继电器 FR_1 作为电动机 M_1 的过载及断相保护。

M_2 是摇臂升降电动机,装于立柱顶部,用接触器 KM_2 和 KM_3 控制其正反转。由于电动机 M_2 是间断性工作,所以不设过载保护。

M_3 是液压泵电动机,用接触器 KM_4 和 KM_5 控制其正反转,由热继电器 FR_2 作为过载及断相保护。该电动机的主要作用是拖动油泵供给液压装置压力油,以实现摇臂、立柱以及主轴箱的松开和夹紧。

摇臂升降电动机 M_2 和液压泵电动机 M_3 由熔断器 FU_2 作为短路保护。

主电路电源电压为交流 380 V,组合开关 QS_1 作为电源引入开关。

为防止漏电,外壳均采用接地保护。

2. 控制电路分析

控制电路电源由控制变压器 TC 降压后供给,控制电路及照明和指示电路的电压分别为 127、36 及 6 V。

1)主轴电动机 M_1 的控制

主轴电动机单方向运转,由按钮 SB_1、SB_2 和接触器 KM_1 控制其停止和启动。按下 SB_2,KM_1 吸合并自锁,使主轴电动机 M_1 启动运转,同时指示灯 HL_3 亮。按下停止按钮 SB_1,接触器 KM_1 释放,使主轴电动机 M_1 停止运转,同时指示灯 HL_3 熄灭。

2)摇臂上升控制

按上升按钮 SB_3,则时间继电器 KT 通电吸合,其瞬时闭合的常开触头 18(14 - 15)闭合和延时断开的常开触点区 21(5 - 20)闭合,使电磁铁 YA 和接触器 KM_4 线圈通电同时吸合,接触器 KM_4 的主触头闭合,液压泵电动机 M_3 启动,正向运转,供给压力油。压力油经分配阀体进入摇臂的"松开"油腔,推动活塞移动,活塞推动菱形块,将摇臂松开。同时活塞杆通过弹簧片压下位置开关 SQ_2,使其常闭触头 18(7 - 14)断开,常开触头 16(7 - 9)闭合。前者切断了接触器 KM_4 的线圈电路,KM_4 主触头断开,液压泵电动机 M_3 停止工作。后者使交流接触器 KM_2(或 KM_3)的线圈通电,KM_2 的主触头接通 M_2 的电源,摇臂升降电动机 M_2 启动旋转,带动摇臂上升。如果此时摇臂未松开,则位置开关 SQ_2 的常开触头 16(7 - 9)不能闭合,接触器 KM_2 的线圈不吸合,摇臂就不能上升。

当摇臂上升或下降到所需位置时,松开按钮 SB_3,则接触器 KM_2 和时间继电器 KT 同时断电释放,M_2 停止工作,随之摇臂停止上升。

由于时间继电器 KT 同时断电释放,经 1 ~ 3 s 时间的延时后,其延时闭合的常闭触头 19 (17 - 18)闭合,使接触器 KM_5 吸合,接触器 KM_5 的主触头区 8 闭合,液压泵电动机 M_3 反向旋转,此时 YA 仍然处于吸合状态,随之泵内压力油经分配阀从反方向进入摇臂的'夹紧油腔'使摇臂夹紧。在摇臂夹紧后,活塞杆推动弹簧片压下位置开关 SQ_3,其常闭触头 20(5 - 17)断开,KM_5 和 YA 断电释放,M_3 最终停止工作,完成了摇臂的"松开→上升→夹紧"的整套动作。

3）摇臂下降控制

按下降按钮 SB$_4$，则时间继电器 KT 通电吸合，其瞬时闭合的常开触头 18（14 – 15）闭合和延时断开的常开触点区 21（5 – 20）闭合，使电磁铁 YA 和接触器 KM$_4$ 线圈通电同时吸合，接触器 KM$_4$ 的主触头 7 区闭合，液压泵电动机 M$_3$ 启动，正向运转，供给压力油。压力油经分配阀体进入摇臂的"松开"油腔，推动活塞移动，活塞推动菱形块，将摇臂松开。同时活塞杆通过弹簧片压下位置开关 SQ$_2$，使其常闭触头 18（7 – 14）断开，常开触头 16（7 – 9）闭合。前者切断了接触器 KM$_4$ 的线圈电路，KM$_4$ 主触头断开，液压泵电动机 M$_3$ 停止工作。后者使交流接触器 KM$_3$ 的线圈通电，KM$_3$ 的主触头接通 M$_2$ 的电源，摇臂升降电动机 M$_2$ 反向旋转，带动摇臂下降。如果此时摇臂未松开，则位置开关 SQ$_2$ 的常开触头 16（7 – 9）不能闭合，接触器 KM$_3$ 的线圈不吸合，摇臂就不能下降。

当摇臂上升或下降到所需位置时，松开按钮 SB$_4$，则接触器 KM$_3$ 和时间继电器 KT 同时断电释放，M$_2$ 停止工作，随之摇臂停止下降。

由于时间继电器 KT 同时断电释放，经 1～3 s 时间的延时后，其延时闭合的常闭触头 19（17 – 18）闭合，使接触器 KM$_5$ 吸合，接触器 KM$_5$ 的主触头区 8 闭合，液压泵电动机 M$_3$ 反向旋转，此时 YA 仍然处于吸合状态，随之泵内压力油经分配阀从反方向进入摇臂的"夹紧油腔"，使摇臂夹紧。在摇臂夹紧后，活塞杆推动弹簧片压下位置开关 SQ$_3$，其常闭触头 20（5 – 17）断开，KM$_5$ 和 YA 断电释放，M$_3$ 最终停止工作，完成了摇臂的"松开→下降→夹紧"的整套动作。

组合开关 SQ$_{1a}$ 和 SQ$_{1b}$ 作为摇臂升降的超程限位保护，当摇臂上升到极限位置时，压下 SQ$_{1a}$ 使其断开，接触器 KM$_2$ 断电释放，M$_2$ 停止运行，摇臂停止上升；当摇臂下降到极限位置时，压下 SQ$_{1b}$ 使其断开，接触器 KM$_3$ 断电释放，M$_2$ 停止运行，摇臂停止下降。

摇臂的自动夹紧由位置开关 SQ$_3$ 控制。如果液压夹紧系统出现故障，不能自动夹紧摇臂，或者由于 SQ$_3$ 调整不当，在摇臂夹紧后不能使 SQ$_3$ 的常闭触头断开，都会使液压泵电动机 M$_3$ 因长期过载运行而损坏。为此电路中设有热继电器 FR$_2$，其整定值应根据电动机 M$_3$ 的额定电流进行调整。

摇臂升降电动机 M$_2$ 的正反转接触器 KM$_2$ 和 KM$_3$ 不允许同时获电动作，以防止电源相间短路。为避免因操作失误、主触头熔焊等原因而造成短路事故，在摇臂上升和下降的控制电路中采用了接触器联锁和复合按钮联锁，以确保电路安全工作。

4）立柱与主轴箱的夹紧与放松控制

按主轴箱松开按钮 SB$_5$，接触器 KM$_4$ 通电，液压泵电动机 M$_3$ 正转。电磁铁 YA 不通电，压力油进入主轴箱松开油缸和立柱松开油缸，推动松紧机构使主轴箱和立柱松开。行程开关 SQ$_4$ 不受压，其常闭触头闭合，指示灯 HL$_1$ 亮，表示主轴箱和立柱已经松开。主轴箱在摇臂的水平导轨上由手轮操纵来回移动，通过推动摇臂可使其与外立柱一起绕内立柱旋转。

按主轴箱夹紧按钮 SB$_6$，接触器 KM$_5$ 通电，液压泵电动机 M$_3$ 反转。电磁铁 YA 仍不通电，压力油进入主轴箱和摇臂夹紧油缸，推动松紧机构使主轴箱和摇臂夹紧。行程开关 SQ$_4$ 受压，其常闭触头断开，指示灯 HL$_1$ 灭，其常开触头闭合，指示灯 HL$_2$ 亮，表示主轴箱和立柱已经夹紧。

5）冷却泵的启动和停止

合上或断开自动开关 QS$_2$，就可接通或切断电源，实现冷却泵电动机 M$_4$ 的启动和停止。

四、任务解决方案

（一）Z3050 摇臂钻床控制电路的安装

钻床安装前的准备、电气元件的布置原则、电气元件的安装和连接与车床安装基本相同，只是在钻床的控制电路中有器件行程开关、时间继电器和电磁阀，它们的安装要求如下。

1. 行程开关的安装

（1）安装位置应能使开关正确动作，且不妨碍机械部件的运动。

（2）碰块或撞杆应安装在开关滚轮或推杆的动作轴线上。对电子式行程开关应按产品技术文件要求调整可动设备的间距。

（3）碰块或撞杆对开关的作用力及开关的动作行程，均不应大于允许值。

（4）限位用的行程开关，应与机械装置配合调整，确认动作可靠后，方可接入电路使用。

2. 空气阻尼型时间继电器的安装

（1）底板与垂直面的倾斜度不超过 5 度。

（2）安装在无显著摇动和振动的地方。

（3）安装在无爆炸危险的介质中，无足以腐蚀金属、破坏绝缘的气体与尘埃（包括导电尘埃破坏绝缘气体与尘埃）。

（4）将现有通电延时空气阻尼型时间继电器的电磁部分拆下来，然后反转 180 度安装即可获得断电延时型的空气阻尼型时间继电器。

3. 电磁阀的安装

（1）先要检查电磁阀是否与选型参数一致，例如电源电压、介质压力、压差等，尤其是电源，如果搞错，就会烧坏线圈。电源电压应满足额定电压波动范围，一般交流电压允许的波动范围为 +10% ~ -15%，直流电压允许的波动范围为 +10% ~ -10%。线圈组件平时不宜拆开。

（2）接管之前要对管道进行冲洗，把管道中的金属粉末及密封材料残留物、锈垢等清除。要注意介质的洁净度，如果介质内混有尘垢、杂质等妨碍电磁阀的正常工作，管道中应装过滤器或过滤网。

（3）一般电磁阀的电磁线圈部件应竖直向上，竖直安装在水平于地面的管道，如果受空间限制或工况要求必须侧立安装的，需在选型订货时提出；否则可能造成电磁阀不能正常工作。

（4）电磁阀前后应加手动切断阀，同时应设旁路，便于电磁阀在故障时维护。

（5）电磁阀一般是定向的，不可装反，通常在阀体上用"→"指出介质流动方向，安装时要依照"→"指示的方向安装。不过，在真空管路或特殊情况下可以反装。

（6）如果介质会起水锤现象，则应该选用具防水锤功能的电磁阀或采取相应的防范措施。

（7）尽量不要让电磁阀长时间处于通电状态，这样容易降低线圈使用寿命甚至烧坏线圈，就是说，常开、常闭电磁阀不可互换使用。

（8）蒸汽用电磁阀入口侧应装有疏水阀，该处接管应倾斜。

(二) Z3050 摇臂钻床常见故障检修

1. 摇臂不能升降

由摇臂升降过程可知,升降电动机 M_2 旋转,带动摇臂升降,其条件是使摇臂从立柱上完全松开后,活塞杆压合位置开关 SQ_2。所以发生故障时,应首先检查位置开关 SQ_2 是否动作,如果 SQ_2 不动作,常见故障是 SQ_2 已损坏或安装位置移动。这样,摇臂虽已放松,但活塞杆压不上 SQ_2,摇臂就不能升降。有时液压系统发生故障使摇臂放松不够,也会压不上 SQ_2,使摇臂不能运动。由此可见 SQ_2 的位置非常重要。

另外,电动机 M_3 电源相序接反时,按上升按钮 SB_4 或下降按钮 SB_5,M_3 反转,使摇臂夹紧,压不上 SQ_2 摇臂也不能升降。所以钻床大修或安装后,一定要检查电源相序。

2. 摇臂升降后摇臂夹不紧

由摇臂夹紧的动作可知,夹紧动作的结束是由位置开关 SQ_3 来完成的,如果 SQ_3 动作过早,使 M_3 尚未充分夹紧就停转。常见的故障是 SQ_3 安装位置不合适,或固定螺钉松动造成 SQ_3 移位,使 SQ_3 在摇臂夹紧动作未完成时就被压上,切断了 KM_5 回路,M_3 停转。

3. 立柱、主轴箱不能夹紧或松开

立柱、主轴箱不能夹紧或松开的可能原因是液压系统油路堵塞、接触器 KM_4 或 KM_5 不能吸合所致。

4. 摇臂上升或下降限位保护开关失灵

限位开关 SQ_1 的失灵分两种情况:一是限位开关 SQ_1 损坏,SQ_1 触头不能因开关动作而闭合或接触不良使电路断开,由此摇臂不能上升或下降;二是组合开关 SQ_1 不能动作,触头熔焊,使电路处于接通状态。当摇臂上升或下降到极限位置后,摇臂升降电动机 M_2 堵转,这时应立即松开 SB_4 或 SB_5。

五、知识拓展

机床电气设备故障的诊断步骤如下。

(一) 故障调查

问: 机床发生故障后,首先应向操作者了解故障发生的前手情况,这样有利于根据电气设备的工作原理来分析发生故障的原因。一般询问的内容有:故障发生在开车前、开车后,还是发生在运行中?是运行中自行停车,还是发现异常情况后由操作者停下来的?发生故障时,机床工作在什么工作顺序,按动了哪个按钮,扳动了哪个开关?故障发生前后,设备有无异常现象(如响声、气味、冒烟或冒火等)?以前是否发生过类似的故障,是怎样处理的等。

看: 熔断器内熔丝是否熔断,其他电气元件有无烧坏、发热、断线,导线连接螺丝是否松动,电动机的转速是否正常。

听: 电动机、变压器和有些电气元件在运行时声音是否正常,这样可以帮助寻找故障的部位。

摸: 电机、变压器和电气元件的线圈发生故障时,温度显著上升,可切断电源后用手去触摸。

（二）电路分析

根据调查结果,参考该电气设备的电气原理图进行分析,初步判断出故障产生的部位,然后逐步缩小故障范围,直至找到故障点并加以消除。

分析故障时应有针对性,如接地故障一般先考虑电气柜外的电气装置,后考虑电气柜内的电气元件。断路和短路故障,应先考虑动作频繁的元件,后考虑其余元件。

（三）断电检查

检查前先断开机床总电源,然后根据故障可能产生的部位,逐步找出故障点。检查时应先检查电源线进线处有无碰伤而引起的电源接地、短路等现象,螺旋式熔断器的熔断指示器是否跳出,热继电器是否动作。然后检查电气设备外部有无损坏,连接导线有无断路、松动,绝缘有无过热或烧焦情况。

（四）通电检查

做断电检查仍未找到故障时,可对电气设备做通电检查。在通电检查时要尽量使电动机和其所传动的机械部分脱开,将控制器和转换开关置于零位,行程开关还原到正常位置。然后用万用表检查电源电压是否正常,是否缺相或严重不平衡。再进行通电检查,检查的顺序为:先检查控制电路,后检查主电路;先检查辅助系统,后检查主传动系统;先检查交流系统,后检查直流系统;合上开关,观察各电气元件是否按要求动作,有无冒火、冒烟、熔断器熔断的现象,直至查到发生故障的部位。

六、任务小结

在本任务中介绍了 Z3050 摇臂钻床的结构和控制要求,根据控制要求给出了 Z3050 摇臂钻床电气控制原理图,对控制原理图中的主电路和控制电路的各个控制环节进行了详细分析,清晰呈现了 Z3050 摇臂钻床的控制原理,在熟知钻床控制原理的基础上介绍了钻床电气控制电路的安装知识,并对 Z3050 摇臂钻床常见故障现象进行了举例分析,最后在知识扩展单元给出了机床电气设备故障的诊断步骤。

七、巩固与提高

（1）Z3050 型摇臂钻床在摇臂升降过程中,液压泵电动机 M_3 和摇臂升降电动机 M_2 应如何配合工作,并以摇臂上升为例叙述电路的工作过程。

（2）在 Z3050 型摇臂钻床电路中 SQ_1、SQ_2、SQ_3 各行程开关的作用是什么? 结合电路工作情况说明。

（3）在 Z3050 型摇臂钻床电路中,时间继电器 KT、YA 的作用各是什么?

（4）在 Z3050 型摇臂钻床电路中,设有哪些联锁和保护环节?

（5）试描述 Z3050 型摇臂钻床在摇臂下降时电路的工作情况。

（6）分析 Z3050 型摇臂钻床以下电路故障的原因。

电路的电源电压正常,按下摇臂上升按钮 SB_3,摇臂不能上升;

按下 SB_3,摇臂上升工作正常,松开手后摇臂停止上升,但不能自动夹紧。

 任务 2.4　X62 W 万能铣床控制电路的安装与检修

一、任务目标

通过本任务的学习,了解 X62 W 万能铣床的主要结构、运动形式和控制要求。掌握 X62 W 万能铣床电气控制电路的工作原理,能熟练安装 X62 W 万能铣床控制电路,并进行故障检修。

➤ 了解 X62 W 万能铣床的功能、结构及运动形式;
➤ 认知电磁离合器等电气元件、电工材料的实物;
➤ 掌握 X62 W 万能铣床控制电路的工作原理;
➤ 掌握电磁离合器等相关电气元件的安装要求;
➤ 掌握 X62 W 万能铣床电气控制电路的安装方法和技能;
➤ 掌握 X62 W 万能铣床电气控制电路电气故障的检修方法和技能。

二、任务描述

1. 任务要求

根据运动形式和电气控制要求,分析 X62 W 万能铣床控制电路的工作原理,了解相应电气元件的工作原理,合理布置元器件,完成 X62 W 万能铣床控制电路的安装和调试,运用机床的电气故障的检修方法和步骤,检修 X62 W 万能铣床的电气故障。

2. 新知识点

X62 W 万能铣床的结构和运动形式;X62 W 万能铣床工作原理图;电磁离合器的安装与接线工艺要求;X62 W 万能铣床常见电气故障的检修方法。

三、相关知识

(一) X62 W 万能铣床的结构及运动形式剖析

铣床系指主要用铣刀在工件上加工各种表面的机床。通常铣刀旋转运动为主运动,工件(和)铣刀的移动为进给运动。它可以加工平面、沟槽,也可以加工各种曲面、齿轮等。铣床是用铣刀对工件进行铣削加工的机床。铣床除能铣削平面、沟槽、轮齿、螺纹和花键轴外,还能加工比较复杂的型面,效率较刨床高,在机械制造和修理部门得到广泛应用。

X62 W 型号意义为:X 表示铣床,6 代表卧式,2 代表 2 号机床(用 0、1、2、3 代表工作台面长与宽),W 是万能的意思。

1. X62 W 万能铣床的主要结构

X62 W 万能铣床的主要结构由床身、主轴、刀杆、横梁、工作台、回转盘、横溜板和升降台等几部分组成,如图 2.4.1 所示。

2. X62 W 万能铣床的运动形式

(1)主轴转动是由主轴电动机通过弹性联轴器来驱动传动机构,当机构中的一个双联滑

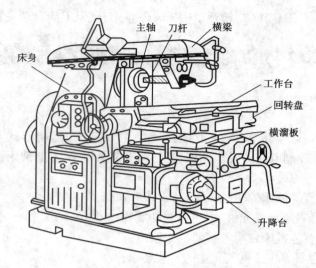

主轴　刀杆　横梁

床身

工作台

回转盘

横溜板

升降台

图 2.4.1　X62 W 万能铣床的主要结构

动齿轮块啮合时,主轴即可旋转。

(2)工作台面的移动是由进给电动机驱动,它通过机械机构使工作台能进行三种形式六个方向的移动,即:工作台面能直接在溜板上部可转动部分的导轨上做纵向(左、右)移动;工作台面借助横溜板做横向(前、后)移动;工作台面借助升降台做垂直(上、下)移动。

(二)电气拖动特点及控制要求

X62 W 万能铁床电气拖动的特点及控制要求如下。

(1)机床要求有三台电动机,分别称为主轴电动机、进给电动机和冷却泵电动机。

(2)由于加工时有顺铣和逆铣两种,所以要求主轴电动机能正、反转及在变速时能瞬时冲动一下,以利于齿轮的啮合,并要求还能制动停车和实现两地控制。

(3)工作台的三种运动形式、六个方向的移动是依靠机械的方法来达到的,要求进给电动机能正反转,且要求纵向、横向、垂直三种运动形式相互间有联锁,以确保操作安全。同时要求工作台进给变速时,电动机也能达到瞬间冲动、快速进给及两地控制等要求。

(4)冷却泵电动机只要求正转。

(5)进给电动机与主轴电动机需实现两台电动的联锁控制,即主轴工作后才能进行进给。

(三)电气控制电路分析

X62 W 万能铣床电气控制电路见图 2.4.2。电气原理图是由主电路、控制电路和照明电路三部分组成。

1. 主电路分析

转换开关 QS_1 是铣床的电源总开关。熔断器 FU_1 作为总电源的短路保护。

1)主轴电动机 M_1

主轴电动机 M_1 由 KM_1 控制启动和停止,旋转方向由 SA_3 预先设置。FR_1 对 M_1 进行过载保护。

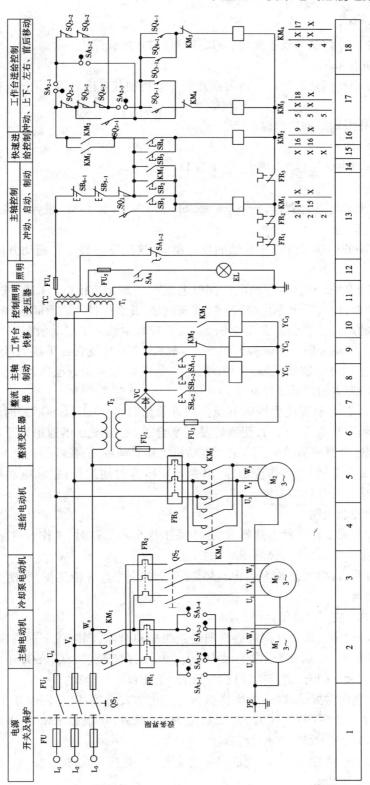

图 2.4.2 X62 W 万能铣床电气控制线路图

2）进给电动机 M_2

M_2 由 KM_3 和 KM_4 控制实现正反转。FR_3 对 M_2 进行过载保护。

3）冷却泵电动机 M_3

M_3 只有在 M_1 启动后才能启动。由转换开关 QS_2 控制其直接启动、停止。采用 FR_2 做过载保护。

为防止漏电，外壳均采用接地保护。

2. 控制电路分析

控制电路的电源由变压器 TC 提供，电压为 110 V。

1）主轴控制电路

（1）启动。合上 QS_1，SA_3 置位，按下 SB_1 或 SB_2（两地控制），KM_1 吸合并自锁，主触头闭合，主轴电动机 M_1 启动。

（2）制动。前面我们学习过铣床主轴的反接制动，这里学习另一种制动方法——电磁离合器制动。

按下停止按钮 SB_5 或 SB_6，KM_1 断电的同时电磁离合器 YC_1 得电，对 M_1 进行制动，停车后松开按钮。应注意，停机按下停止按钮一定要按到底，并要保持一段时间，否则没有制动。

换刀时，主轴的意外转动会造成人身事故。因此应是主轴处于制动状态。在停止按钮动合触头 SB_{5-2}、SB_{6-2} 两端并联一个转换开关 SA_{1-1} 触头，换刀时使它处于接通状态，电磁离合器 YC_1 线圈通电，主轴处于制动状态。换刀结束后，将 SA_1 置于断开位置，这时 SA_{1-1} 触头断开，SA_{1-2} 触头闭合，为主轴启动做好准备。

（3）变速冲动。在主轴变速手柄向下压并向外拉出时，冲动开关 SQ_1 短时受压，接触器 KM_1 短时得电，主轴电动机 M_1 点动，使齿轮易于啮合；选好速度后迅速退回手柄，行程开关 SQ_1 恢复，KM_1 失电，变速冲动结束。当主轴电动机重新启动后，便在新的转速下运行。

注意：在推回变速手柄时，动作应迅速，以免 SQ_1 压合时间过长，主轴电动机 M_1 转速太快，而不利于齿轮啮合甚至打坏齿轮。

2）工作台进给控制电路

转换开关 SA_2 为圆工作台状态选择开关，当圆工作台不工作时，工作台进给时 SA_2 处于断开位置，它的触头 SA_{2-1}、SA_{2-3} 接通，SA_{2-2} 断开。

只有当主轴启动后，接触器 KM_1 得电自锁，工作台控制电路才能工作，实现主轴旋转和工作台的顺序联锁控制。

（1）工作台纵向（左、右）进给运动的控制。

将操作手柄扳向右侧，联动机构接通纵向进给机械离合器，同时压下向右进给的行程开关 SQ_5，SQ_5 的常开触头 SQ_{5-1} 闭合，常闭触头 SQ_{5-2} 断开，由于 SQ_6、SQ_3、SQ_4 不动作，则 KM_3 线圈得电，KM_3 的主触头闭合，进给电动机 M_2 正传，工作台向右运动。

将纵向操作手柄向左扳动，联动机构将纵向进给机械离合器挂上，同时压下向左进给行程开关 SQ_6，使其常开触头 SQ_{6-1} 闭合，常闭触头 SQ_{6-2} 断开，接触器 KM_4 得电吸合，主触头 KM_4 闭合，进给电动机 M_2 反转，工作台实现向左运动。

若将手柄扳到中间位置，纵向进给机械离合器脱开，行程开关 SQ_5 与 SQ_6 复位，电动机 M_2 停转，工作台停止运动。

（2）工作台垂直（上、下）和横向（前、后）运动的控制。

工作台的上下和前后运动由垂直和横向进给手柄操纵。该手柄扳向上、下、左、右时，接通相应的机械进给离合器；手柄在中间位置时，各向机械进给离合器均不接通，各行程开关复位，接触器 KM_3 和 KM_4 失电释放，电动机 M_2 停转，工作台停止移动。

当手柄扳到向下或向前位置时，手柄通过机械联动使行程开关 SQ_3 动作，KM_3 得电，进给电动机正转，拖动工作台移动。当手柄扳到向上或向后位置时，行程开关 SQ_4 动作。KM_4 得电，进给电动机反转。工作台垂直（上、下）和横向（前、后）运动的控制过程与纵向（左、右）进给运动的控制过程相似，不再重复。

（3）工作台的快速移动控制。

主轴电动机启动后，将操纵手柄扳到所需移动方向，再按下快速移动按钮 SB_3（SB_4），使接触器 KM_2 吸合，其常闭触头断开，进给离合器 YC_2 断电脱离，常开触头闭合，快移离合器 YC_3 得电工作，工作台按照选定进给方向，实现快速移动。松开快速移动按钮时，KM_2 失电，常开触头断开，YC_3 断电脱离，KM_2 常闭触头闭合，进给离合器 YC_2 得电工作，工作台仍然按原选定的方向进给移动。

（4）进给变速冲动控制。

变速时将进给变速手柄向外拉出并转动，调整到所需转速，再把手柄用力向外拉到极限位置后迅速推回原位。在外拉手柄的瞬间，SQ_2 瞬时动作，动断触头 SQ_{2-2} 分断，SQ_{2-1} 闭合，KM_3 做短时吸合，M_2 稍稍转动。当手柄推回原位时，SQ_2 恢复，KM_3 失电释放，变速冲动使齿轮顺利啮合。

3. 圆工作台的控制

圆工作台用于铣削圆弧、凸轮曲线，由进给电动机 M_2 通过传动机构驱动圆工作台进行工作。

使用时，圆工作台工作状态选择开关 SA_2 处于接通位置，触头 SA_{2-2} 闭合，SA_{2-1}、SA_{2-3} 断开。此时按下 SB_1 或 SB_2，KM_1 吸合并自锁，同时 KM_1 常开触头闭合，电流通过 $SQ_{2-2} \rightarrow SQ_{3-2} \rightarrow SQ_{4-2} \rightarrow SQ_{6-2} \rightarrow SQ_{5-2} \rightarrow SA_{2-2}$，使 KM_3 得电吸合，M_2 正转，并通过传动机构使圆工作台按照需要方向移动。

圆工作台的运动必须和六个方向的进给有可靠的互锁，否则会造成刀具或机床的损坏。为避免此种事故发生，从电气上保证了只有纵向、横向及垂直手柄放在零位才可以进行圆工作台的旋转运动。如果扳动工作台的任一进给手柄，$SQ_3 \sim SQ_6$ 就有一个常闭触头被断开，KM_3 失电释放，圆工作台停止工作。

4. 其他电路分析

1）电磁离合器的直流电源

通过变压器 T_2 降压，经桥式整流电路 VC 供给电磁离合器的直流电源；在变压器 T_2 二次侧和桥式整流电路 VC 输出端，分别采用 FU_2 和 FU_3 进行短路保护。

2）照明控制

变压器 T_1 供给 24 V 安全照明电压，照明灯由转换开关 SA_4 控制，采用 FU_5 短路保护。

3）多地控制

为了使操作者能在铣床的正面、侧面方便地操作，设置了多地控制，如主轴电动机的启动

（SB₁、SB₂）、主轴电动机的停止（SB₅、SB₆）、工作台的进给运动和快速移动（SB₃、SB₄）等。

5. 其他联锁和保护

1）工作台限位保护

在工作台的六个方向上各设有一块挡铁，当工作台移动到极限位置时，挡铁撞动进给手柄，使其回到中间零位，所有进给行程开关复位，从而实现行程限位保护。

2）工作台垂直和横向运动、工作台纵向运动之间的联锁

单独对垂直和横向操作手柄而言，上下左右四个方向只能选其一。但在操作这个手柄时，纵向手柄应置于中间位置。如纵向操作手柄被拨到任何一个方向，SQ_5 和 SQ_6 两个行程开关中的一个被压下，其常闭触头 SQ_{5-2} 和 SQ_{6-2} 断开，接触器 KM_3 和 KM_4 立刻失电，M_2 停止，起到了联锁保护作用。

3）过载保护

主轴电动机和冷却泵过载时，热继电器常闭触头 FR_1、FR_2 断开，控制电路断电，所有动作停止。当进给电动机过热，FR_3 的常闭触头断开，工作台无进给和快速运动。

4）进给电动机正反转互锁

进给电动机的正反转互锁是通过 KM_3、KM_4 辅助常闭触头分别串在对方线圈回路实现的。

5）工作台进给和快速移动的互锁

KM_2 的辅助常开和常闭触头分别控制工作台进给和工作台快速移动，实现了互锁。

四、任务解决方案

（一）X62 W 万能铣床控制电路的安装

X62 W 万能铣床电气元件的布置原则、电气元件的安装和连接与车床的基本相同，只是在铣床的控制电路中有电磁离合器，其安装要求如下。

（1）湿式多片电磁离合器必须浸在油中使用，或采用滴油方式润滑，且润滑油须保持清洁，不得含有导电杂质，油的黏度不应大于 23CP（50 ℃）。

（2）此离合器适于轴向水平安装使用，安装好的离合器应保证摩擦片呈自由状态，并能轻便地沿花键套和连接移动。

（3）周围空气相对湿度不大于 85%（20 ℃ ±5 ℃）。

（4）工作在无爆炸危险、不足以腐蚀金属和破坏绝缘的气体和导电尘埃的介质中。

（5）离合器用于直流 24 V 或 32 V 的电路中，线圈电压波动不超过 +5% 和 −15% 的额定电压。

（二）X62 W 铣床常见故障检修

1. 主轴电路常见故障分析与检修

1）主轴电动机不能启动

主要检查主轴电动机 M_1 主电路和控制电路中 KM_1 支路段。

试运行时，观察 KM_1 接触器是否吸合，若不吸合，查找控制电路，用观察法、电阻法、电压法来测量,检查 FU_4、FR_1、FR_2、SA_{1-2}、SB_{6-1}、SB_{5-1}、SQ_1、SB_1、SB_2、KM_1 等。

若 KM_1 接触器吸合,但是主轴电动机不转,则应查找主电路。用电阻法、电压法测量,从上到下,依次测量 FR_1、SA_3 电压电阻是否正常,从而确定故障点。

常见故障有接线不牢、接触器常开常闭触点接反、按钮的常开常闭接反以及元件损坏等。

2)X62 W 主轴停车时,无制动

主要检查电磁离合器 YC_1 控制电路。重点检查电磁离合器 YC_1 是否得电。若电磁离合器 YC_1 得电,表明电磁离合器 YC_1 或相应机械机构有故障。

若电磁离合器 YC_1 不得电,则主要检查电磁离合器 YC_1 控制电路,包括 SB_{5-2}、SB_{6-2}、YC_1、UC、FU_2、T_2,用观察法、电阻法、电压法来测量。逐渐减小故障范围,直至确定故障点。

3)X62 W 主轴冲动失灵

主要检查冲动开关 SQ_1。若主轴能够启动,说明控制电路中 KM_1 支路段以及主轴电动机 M_1 主电路正常。问题在冲动开关 SQ_1 以及相关的机械结构。

纠正相应的故障点,认真仔细地进行元件或导线更换,注意不要产生新的故障点。最后通电检查,确保故障完全修复。

2. 进给系统常见故障分析与检修

1)X62 W 工作台不能向右(左)进给

X62 W 工作台不能向右进给,主要检查进给电动机 M_2 主电路和控制电路中 KM_3 支路段。试运行时,观察 KM_3 接触器是否吸合,若不吸合,查找控制电路,用观察法、电阻法、电压法来测量,检查 SQ_{5-1}、KM_4 常闭触点以及 KM_3 线圈。

若 KM_3 接触器吸合,但是进给电动机 M_2 不转,则应查找主电路。用电阻法、电压法测量,从上到下,依次测量 FR_3、KM_3 主触点,电压电阻是否正常,从而确定故障点。

X62 W 工作台不能向左进给,主要检查进给电动机 M_2 主电路和控制电路中 KM_4 支路段,方法同上。

2)X62 W 工作台不能上(下)进给

X62 W 工作台不能向上进给,主要检查进给电动机 M_2 主电路和控制电路中 KM_3 支路段。

试运行时,观察 KM_3 接触器是否吸合,若不吸合,查找控制电路,用观察法、电阻法、电压法来测量,检查 SQ_{3-1}、KM_4 常闭触点以及 KM_3 线圈。

若 KM_3 接触器吸合,但是进给电动机 M_2 不转,则应查找主电路。用电阻法、电压法测量,从上到下,依次测量 FR_3、KM_3 主触点,电压电阻是否正常,从而确定故障点。

X62 W 工作台不能向下进给,主要检查进给电动机 M_2 主电路和控制电路中 KM_4 支路段,方法同上。

3)X62 W 工作台不能快速移动

主要检查电磁离合器 YC_3 控制电路以及 KM_2 控制电路。

试运行时,观察 KM_2 接触器是否吸合,若不吸合,查找控制电路,用观察法、电阻法、电压法来测量,检查 SB_3、SB_4 等。

若 KM_2 接触器吸合,但是工作台不能快速移动,则应查找电磁离合器 YC_3 是否得电。若电磁离合器 YC_3 有电压,表明电磁离合器 YC_3 或相应机械机构有故障。

若电磁离合器 YC$_3$ 不得电，则主要检查电磁离合器 YC$_3$ 控制电路，包括 KM$_2$ 触点、UC、FU$_2$、T$_2$，用电压法来测量。逐渐减小故障范围，直至确定故障点。

4）X62W 工作台不能进给变速冲动

主要检查冲动开关 SQ$_{2-1}$。若工作台其他进给正常，说明控制电路中 KM$_3$ 支路段以及主轴电动机 M$_2$ 主电路正常。问题在冲动开关 SQ$_{2-1}$，以及相关的机械结构。

纠正相应的故障点，认真仔细地进行元件或导线更换，注意不要产生新的故障点。最后通电检查，确保故障完全修复。

五、知识拓展

X62W 铣床的主轴制动、快速进给、慢速进给，使用了多片摩擦式电磁离合器。

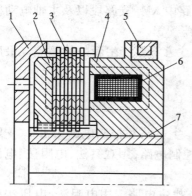

图 2.4.3　线圈旋转多片摩擦式
电磁离合器

1—外连接件　2—衔铁　3—摩擦组片
4—磁轭　5—滑环　6—线圈　7—传动轴套

如图 2.4.3 所示为线圈旋转（带滑环）多片摩擦式电磁离合器，在磁轭 4 的外表面和线圈槽中分别用环氧树脂固连滑环 5 和励磁线圈 6，线圈引出线的一端焊在滑环上，另一端焊在磁轭上接地。外连接件 1 与外摩擦片组成回转部分，内摩擦片与轴套 7、磁轭组成另一回转部分。当线圈通电时，衔铁 2 被吸引，沿花键套右移压紧摩擦片组，离合器接合。这种结构的摩擦片位于励磁线圈产生的磁力线回路内，因此需用导磁材料制成。由于受摩擦片的剩磁和涡流影响，其脱开时间较非导磁摩擦片长，常在湿式条件下工作，因而广泛用于远距离控制的传动系统和随动系统中。

摩擦片处在磁路外的电磁离合器，摩擦片既可用导磁材料制成，也可用摩擦性能较好的铜基粉末冶金等非导磁材料制成，或在钢片两侧面黏合具有高耐磨性、韧性而且摩擦因数大的石棉橡胶材料。为了提高导磁性能和减少剩磁影响，磁轭和衔铁可用电工纯铁或 08 号或 10 号低碳钢制成，滑环一般用淬火钢或青铜制成。

六、任务小结

在本任务中，介绍了 X62W 万能铣床的结构和控制要求，根据控制要求给出了 X62W 万能铣床电气控制原理图，对控制原理图中的主电路和控制电路的各个控制环节进行了详细分析，清晰呈现了 X62W 万能铣床的控制原理，在熟知铣床控制原理的基础上介绍了电磁离合器等电气元件的安装知识，并对 X62W 万能铣床常见故障现象进行了举例分析，最后在知识扩展单元给出了多片摩擦式电磁离合器的结构和工作原理。

通过该任务的学习，我们学会了分析 X62W 万能铣床控制电路的工作原理，并能够熟练安装、调试、检修 X62W 万能铣床控制电路，为今后进行其他低压电气设备的相关作业打下良好的基础。

七、巩固与提高

（1）试分析主轴电动机不能启动的检修步骤。

（2）试分析主轴可以停车，但没有反接制动的故障原因。

（3）试分析主电动机启动，进给电动机就转动，但扳动任一进给手柄，都不能进给的检修步骤。

（4）试分析工作台各个方向都不能进给的检修步骤。

（5）试分析工作台能上下进给，但不能左右进给的检修步骤。

（6）试分析工作台能右进给，但不能左进给的检修步骤。

（7）试分析圆工作台不工作的检修步骤。

项目三　起重设备电气控制电路的安装与检修

一、项目目标

通过本项目的学习,了解桥式起重机的主要结构、运动形式和控制要求。掌握桥式起重机电气控制电路的工作原理,能熟练安装桥式起重机控制电路,并进行故障检修。

- ➤ 了解桥式起重机的功能、结构及运动形式;
- ➤ 理解桥式起重机的主要参数并掌握其供电特点;
- ➤ 熟悉桥式起重机的保护电路及其他安全装置;
- ➤ 掌握桥式起重机此类机械的通用电气控制原理;
- ➤ 掌握凸轮控制器与主令控制器在桥式起重机电气控制电路中的应用;
- ➤ 掌握桥式起重机电气控制电路的故障检修方法和技能;
- ➤ 掌握电动葫芦的结构与控制原理。

二、项目描述

1. 项目要求

现有 15/3 t 吊钩桥式起重机控制电路图,分析桥式起重机控制电路的电气原理,熟知起重机的保护电路及其他安全装置的工作原理,通过相关电气元件的认识掌握其控制电路图,完成桥式起重机电气控制电路的安装与模拟调试,运用电气控制电路的故障检修方法和步骤,检修桥式起重机的电气故障。

2. 新知识点简介

桥式起重机的结构和运动形式;桥式起重机的电气控制原理;桥式起重机的故障分析。

三、相关知识

起重机是一种用来起吊和下放重物以及在固定范围内装卸、搬运物料的起重机械,它广泛应用于工矿企业、车站、港口、建筑工地、仓库等场所,是现代化生产不可缺少的机械设备。

起重机按其起重量可划分为三级:小型为 5~10 t,中型为 10~50 t,重型及特重型为 50 t 以上。

起重机按结构和用途分为臂架式旋转起重机和桥式起重机两种,其中桥式起重机是一种横架在固定跨间上空用来吊运各种物件的设备,又称“天车”或“行车”。桥式起重机按起吊装置不同,又可分为吊钩桥式起重机、电磁盘桥式起重机和抓斗桥式起重机。其中尤以吊钩桥式起重机应用最广。

本节以小型桥式起重机为例,从凸轮控制器和主令控制器两种控制方式来分析起重机的电气控制电路的工作原理。

(一)桥式起重机的结构简介

桥式起重机主要由桥架、大车运动机构和装有起升、运动机构的小车等几部分组成,如图3.1所示。

桥架是桥式起重机的基本构件,主要由两正轨箱型主梁、端梁和走台等部分组成。主梁上铺设了供小车运动的钢轨,两主梁的外侧装有走台,装有驾驶室一侧的走台为安装及检修大车运行机构而设,另一侧走台为安装小车导电装置而设。在主梁一端的下方悬挂着全视野的操纵室(驾驶室,又称吊舱)。

大车运行机构由驱动电动机、制动器、减速器和车轮等部件组成,常见的驱动方式有集中驱动和分别驱动两种,目前国内生产的桥式起重机大多采用分别驱动方式。

分别驱动方式指的是用一个控制电路同时对两台驱动电机、减速装置和制动器实施控制,分别驱动安装在桥架两端的大车车轮。

小车由安装在小车架上的移动机构和提升机构等组成。小车移行机构也由驱动电机、减速器、制动器和车轮组成,在小车移行机构的驱动下,小车可沿桥架主梁上的轨道移动。小车提升机构用以吊运重物,它由电动机、减速器、卷筒、制动器等组成,起重量超过 10 t 时,设两个提升机构:主钩(主提升机构)和副钩(副提升机构),一般情况下两钩不能同时起吊重物。

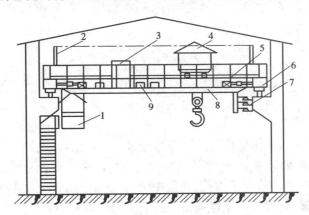

图 3.1　桥式起重机总体结构示意图

1—驾驶室　2—辅助滑线架　3—控制盘　4—小车　5—大车电动机

6—大车端梁　7—主滑线　8—大车主梁　9—电阻箱

(二)桥式起重机的主要技术参数

桥式起重机的主要技术参数有起重量、跨度、起升高度、运行速度、提升速度、工作类型及通电持续率等。

1.额定起重量

额定起重量指重机实际允许的最大起吊质量,如 10/3,分子表示主钩起重量为 10 t,分母表示副钩起重量为 3 t。

2.跨度

跨度指启动机主梁两端车轮中心线间的距离,即大车轨道中心线间的距离。一般常用的跨度有 10.5、13.5、16.5、19.5、22.5、25.5、28.5、31.5 m 等规格。

3. 起升高度

起升高度指吊具的上下极限位置间的距离。一般常见的提升高度有 12、16、12/14、12/18、19/21、20/22、21/23、22/24、24/26 m 等，其中分子为主钩起升高度，分母为副钩起升高度。

4. 运行速度

运行速度指运行机构在拖动电动机额定转速运行时的速度，以 m/min 为单位。小车运行速度一般为 40 ~ 60 m/min，大车运行速度一般为 100 ~ 135 m/min。

5. 提升速度

提升速度指在电动机额定转速时，重物的最大提升速度。该速度的选择应由货物的性质和质量来决定，一般提升速度不超过 30 m/min。

6. 通电持续率

由于桥式起重机为断续工作，其工作的繁重程度用通电持续率 $JC\%$ 表示。

$$JC\% = \frac{通电时间}{周期时间} \times 100\% = \frac{工作时间}{工作时间 + 休息时间} \times 100\%$$

通常一个周期定为 10 min，标准的通电持续率规定为 15%、25%、40% 和 60% 四种。起重用电动机铭牌上标有 $JC\%$ 为 25% 的额定功率，当电动机工作在 $JC\%$ 值不为 25% 时，该电动机容量按下式近似计算：

$$P_{jc} = P_{25}\sqrt{\frac{25\%}{JC\%}}$$

式中：P_{jc}——任意 $JC\%$ 下的功率，kW；

P_{25}——$JC\%$ 为 25% 时的电动机容量，kW。

7. 工作类型

起重机按其载荷率和工作繁忙程度可分为轻级、中级、重级和特重级四种工作类型。

（1）轻级。工作速度低，使用次数少，满载机会少，通电持续率为 15%。

（2）中级。经常在不同载荷下工作，速度中等，工作不太繁重，通电持续率为 25%。

（3）重级。工作繁重，经常在重载荷下工作，通电持续率为 40%。

（4）特重级。经常起吊额定负荷，工作特别繁忙，通电持续率为 60%。

（三）提升机构对电力拖动的主要要求

1. 供电要求

由于起重机的工作是经常移动的，因此起重机与电源之间不能采用固定连接方式。对于小型起重机供电方式采用软电缆供电，随着大车或小车的移动，供电电缆随之伸展和叠卷。对于中小型起重机常用滑线和电刷供电，即将三相电源接到沿车间长度方向架设的三根主滑线上，并刷有黄、绿、红三色，再通过电刷引到起重机的电气设备上，首先对驾驶室中的保护盘上的总电源开关供电，然后再向起重机各电气设备供电。对于小车及其上的提升机构等电气设备，则经位于桥架另一侧的辅助滑线来供电。

2. 启动要求

提升第一档的作用是消除传动间隙，将钢丝绳张紧，称为预备级。这一档的电动机要求启动转矩不能过大,以免产生过强的机械冲击,一般在额定转矩的一半以下。

3.调速要求

(1)在提升开始或下放重物至预定位置前,需低速运行,一般在30%额定转矩内分几档。

(2)具有一定的调速范围,普通起重机调速范围为3:1,也有要求为(5～10):1的起重机。

(3)轻载时,要求能快速升降,即轻载的提升速度应大于额定负载的提升速度。

4.下降要求

根据负载的大小,提升电动机可以工作在电动、倒拉制动、回馈制动等工作状态下,以满足对不同下放速度的要求。

5.制动要求

为了安全起见,起重机要采用断电制动方式的机械抱闸制动,以避免因停电而造成无制动力矩,导致重物自由下落引发事故,同时也还要具备电气制动方式,以减少机械抱闸的磨损。

6.控制方式

桥式起重机常用的控制方式有两种:一种是用凸轮控制器直接控制所有的驱动电动机,这种方法普遍用于小型起重设备;另一种是采用主令控制器配合磁力控制屏控制主卷扬电动机,而其他电动机采用凸轮控制器,这种方法主要用于中型以上起重机。

除了上述要求以外,桥式起重机还应有完善的保护和联锁环节。

(四)起重机电动机工作状态分析

对于移动机构的拖动电动机,其负载转矩为摩擦转矩,它始终为反抗转矩,移动机构来回移动时,拖动电动机工作在正向电动状态或反向电动状态。提升机构电动机则不同,其负载转矩除摩擦转矩外,主要是由重物产生的重力转矩。当提升重物时,重力转矩为阻力转矩;而下放重物时,重力转矩成为原动转矩;在空钩或轻载下放时,还可能出现重力转矩小于摩擦转矩的情况,此时需强迫下放。提升机构电动机将根据负载大小不同、提升与下降的任务不同,工作运行在不同的运行状态。

1.提升重物时电动机工作状态

提升重物时,电动机负载转矩 M_L 由重力转矩 M_W 及提升机构摩擦转矩 M_F 两部分组成(即 $M_L = M_F + M_W$)。当电动机电磁转矩 M 克服这两个阻力转矩时,重物被提升,当 $M = M_L + M_F$ 时,电动机稳定工作在机械特性的 a 点,以转速提升重物,如图3.2所示。电动机工作在正向电动状态,在启动时,为获得较大的启动转矩,减小启动电流,在绕线式异步电动机的转子电路中,串入电阻,然后依次切除,使提升速度逐渐提高,最后达到提升速度。

2.下降重物时电动机工作状态

1)反转电动状态

在空钩或轻载下降时,重力转矩 M_W 小于提升机构摩擦转

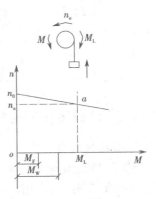

图3.2 提升重物时电动工作状态图

矩 M_F,这时依靠重物自身不能下降,为此,电动机必须向下降方向产生电磁转矩 M,并与重力转矩 M_W一起共同克服摩擦阻力转矩 M_F,强迫空钩或轻载下降,这在起重机中称为强迫下降。电动机工作在反转电动状态如图 3.3(a)所示。电动机运行在 $-n_a$ 下,以转速 n_a 强迫下降。

2)再生发电制动状态

在中型负载或重载长距离下降重物时,可将提升电动机按反相序接电源,产生下降方向的电磁转矩 M,这时电动机电磁转矩 M 方向与重力转矩 M_W 方向一致,使电动机很快加速超过电动机的同步转速。此时,电动机转子绕组内感应电动势与电流均改变方向,产生阻止重物下降的电磁转矩,当 $M = M_W - M_F$ 时,电动机以高于同步转速的转速稳定运行,如图 3.3(b)所示,电动机工作在再生发电制动状态,以高于同步转速 n_b 下放重物。

3)倒拉反接制动状态

在下放重物时,为了获得低速下降,常采用倒拉反接制动。这时电动机定子按正转提升相序接电源,但要在电动机转子电路中串接较大电阻,此时电动机启动转矩 M 小于负载转矩 M_L,电动机在重力负载作用下,迫使电动机反转。反转后的电动机转差率 S 加大,直至 $M = M_L$,其机械特性如图 3.3(c)所示,在 c 点稳定运行,以转速 n_c 低速下放重物。此时,如用于轻载下降,并且重力转矩小于 M_W 时,将出现不但不下降反而会上升的后果,如图 3.3(c)中在 d 点稳定运行,以转速 n_d 上升。

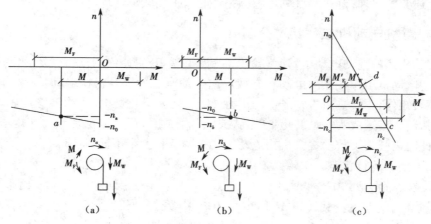

图 3.3　重物下放时电动工作状态图

(a)反转电动状态　(b)再生发电制动状态　(c)倒拉反接制动状态

(五)认识相关的电气元件

1.凸轮控制器

KT 系列凸轮控制器用于交流 50 Hz、电压 380 V 的电路中,主要作为起重机交流电动机的启动、调速和换向之用。KT 系列凸轮控制器具有可逆对称的电路,适用于起重机的平移机构与升降机构,也能作同类型性质电动机的启动、换向和调整之用。凸轮控制器控制三相异步电动机正反转,主要用于控制卷扬机、行车等。

目前国内常用的凸轮控制器有 KT10、KT12、KT14 及 KT16 等系列,型号含义见图 3.4。

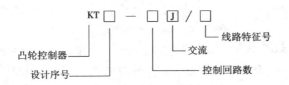

图 3.4　凸轮控制器型号含义

KT14 系列凸轮控制器主要技术参数见表 3.1.

表 3.1　KT14 系列凸轮控制器主要技术参数

型号	额定电压/V	额定电流/A	工作位置数		在通电持续率为25%时所能控制的电动机		额定操作/(次/h)	最大工作周期/min	质量/kg
			向前(上升)	向后(下降)	转子最大电流/A	最大功率/kW			
KT14－25 J/1	380	25	5	5	32	11.5	600	10	14.5
KT14－25 J/2	380	25	5	5	32	2×6.3	600	10	18.2
KT14－25 J/3	380	25	1	1	32	8	600	10	13.5
KT14－60 J/1	380	60	5	5	80	32	600	10	15
KT14－60 J/2	380	60	5	5	80	2×16	600	10	18.2
KT14－60 J/4	380	60	5	5	80	2×30	600	10	15

目前,我国生产的凸轮控制器主要有 KT10 型和 KT14 型两种,额定电流有 25 A 和 60 A。其中 KT10 型的触点为单断点转动式,具有钢质灭弧罩,操作方式有手轮式和手柄式。KT14 型的触点为双断点和直动式,采用半封闭式纵缝陶土灭弧罩,只有手柄式操作方式。KT14－25 J/1、KT14－60 J/1 型用于控制一台三相绕线式异步电动机;KT14－25 J/2、KT14－60 J/2 型用于同时控制两台三相绕线式异步电动机,并带有定子电路的触点;KT14－25 J/3 型用于控制一台三相鼠笼式异步电动机;KT14－60 J/4 型用于同时控制两台三相绕线式异步电动机,定子回路由接触器控制。

　　2.主令控制器

主令控制器是用来频繁地切换复杂的多路控制电路的主令电器。常用于起重机、轧钢机及其他生产机械的操作控制。主令控制器的动作原理与凸轮控制器类似,也是利用凸轮块来控制触点系统的通断的。如在不同层次、不同位置安装许多套凸轮块,即可按一定程序接通和断开多个回路。由于主令控制器触点小巧玲珑,采用银或银合金,所以操作轻便、灵活,提高了通电率。

按照预定程序来转换控制电路接线的主令电器,通常用于电力驱动装置中,根据规定的顺序接通和分断某些触头,并以此发布指令,或者与其他电路实行联锁,最终完成控制电路的转换。主令控制器在机械上与它所控制的生产机械无联系,而直接由操作人员手工操纵,或者借助于伺服电动机来操纵。

主令控制器由触头系统、操作机构、转轴、齿轮减速机构、凸轮、外壳等部件组成。由于主令控制器的控制对象是二次电路,所以其触头工作电流不大。主令控制器按凸轮能否调节分

89

为凸轮调整式和凸轮非调整式,前者的凸轮片上开有小孔和槽,使之能根据规定的触头关合图进行调整;后者的凸轮只能根据规定的触头关合图进行适当的排列与组合。成组的凸轮通过螺杆与对应的触头系统连成一个整体,其转轴既可直接与操作机构连接,也可经过减速器与之连接。如果被控制的电路数量很多,即触头系统挡次很多,则将它们分为 2 ~ 3 列,并通过齿轮啮合机构来联系,以免主令控制器过长。主令控制器还可组合成联动控制台,以实现多点多位控制。配备万向轴承的主令控制器可将操纵手柄在纵横倾斜的任意方位上转动,以控制工作机械(如电动行车和起重工作机械)做上下、前后、左右等方向的运动,操作控制灵活方便。

目前,国内外生产的主令控制器主要有 LK14、LK15、LK16 等系列。表 3.2 列出了 LK14 系列主令控制器的主要技术参数。LK 系列主令控制器型号含义如图 3.5 所示。

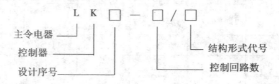

图 3.5　LK 系列主令控制器型号含义

表 3.2　LK14 主令控制器主要技术参数

型号	额定电压 U_N/V	额定电流 I_N/A	控制回路数	外形尺寸/(mm × mm × mm)
LK1 – 12/90	380	15	12	329 × 314 × 325
LK14 – 12/90				
LK14 – 12/96				227 × 220 × 300
LK14 – 12/97				

(六)起重机的保护

起重机的电气控制一般具有下列保护与联锁环节:电动机过载保护、短路保护、失压保护、控制器的零位保护、行程限位保护、舱盖及栏杆安全开关和紧急断电保护等。另外此环节还有缓冲器、提升高度限位器、负荷限制器及超速开关等。

1. 电动机过载和短路保护

对于绕线式异步电动机,采用过电流继电器进行保护,其中瞬动过电流继电器只能用以短路保护;而反时限特性的过电流继电器不仅具有短路保护作用,还具有过载保护作用。对于笼式异步电动机系列,用熔断器或空气开关作为短路保护。大型起重机和一些电动单梁起重机的总保护,用空气开关作为短路保护;一般桥式起重机的总保护,用总过流继电器和接触器作为短路保护。

2. 失压保护

对于用主令控制器操作的机构,一般在其控制站控制电路中加零电压继电器作为失压保护;对于用凸轮控制器操作的机构,利用保护箱中电路接触器来作为失压保护。在起重机总保护和部分机构中,用可自动复位的按钮和电路接触器实现失压保护。

3. 控制器零位联锁

为了保证只有当主令或凸轮控制器手柄置于"零"位时，才能接通控制电路，一般将控制器仅在零位闭合的触点与该机构失压保护作用的零电压继电器或电路接触器的线圈相串联，并用该继电器或接触器的常开触点作为自锁，出现零位联锁保护。这就避免了控制器手柄不在零位而发生停电事故时，一旦送电后，将使电动机自行启动，而发生危险。

1) 保护箱

采用凸轮控制器或凸轮、主令两种控制器操作的交流桥式起重机，广泛使用保护箱。保护箱由刀开关、接触器、过电流继电器等组成，用于控制和保护起重机，实现电动机过电流保护，零压、零位、限位等保护。起重机上用的标准保护箱为 XQB1 系列。保护箱的主回路、控制回路及照明与信号电路分别如图 3.6、图 3.7 和图 3.8 所示。在图 3.6 中，QS 为总电源开关，用来在无负荷的情况下接通或切断电源，KM 为电路接触器，用来接通或分断电源，兼作失压保护。KI_0 为总过流继电器（各机构电动机共用），用来保护电动机和动力电路的一相过载和短路。KI_1、KI_2 为小车和副钩电动机的过电流继电器，KI_3、KI_4 为大车电动机的过电流继电器。

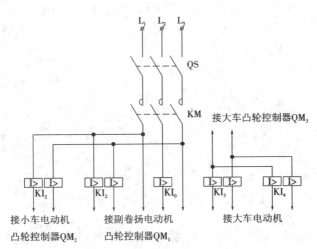

图 3.6　XQB1 型保护箱主回路图

在保护配电箱的控制回路原理图 3.7 中，HL（1,2 节点）为电源指示灯，SA_1（17,18 节点）为紧急开关，用于出现事故情况下紧急断开电源，$SQ_6 \sim SQ_8$ 为舱口门开关与横梁门开关，KI_0、$KI_1 \sim KI_4$ 为过电流继电器触点，QM_1（30-20）、QM_2（10-20）、QM_3（19-18）分别为副卷扬、小车与大车凸轮控制器触点，SQ_1、SQ_2 为大车移动机构行程开关，SQ_3、SQ_4 为小车移动机构行程开关，SQ_5 为复卷扬提升机构行程开关。依靠上述电器开关与电路，实现起重机的各种保护。

在 XQBI 型保护箱照明及信号电路图 3.8 中，EL_1 为操纵室照明灯，EL_2、EL_3、EL_4 为桥架下方的照明灯，另外还有供插接手提检修灯和电风扇用的插座 XS_1 以及音响装置 HA。除桥架下方照明灯为 AC 220 V 外，其余均用安全电压 36 V 供电。

2) 制动器与电磁铁

制动器是桥式起重机的主要部件之一。在桥式起重机的大车、小车、主钩、副钩上，使用

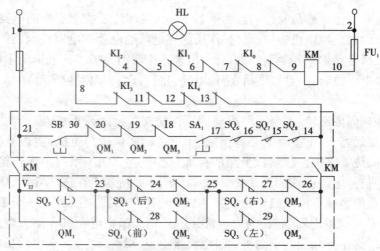

图 3.7 XQB1 – 250 – 4F/□保护配电箱控制回路图

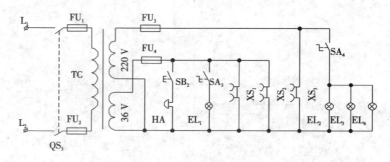

图 3.8 XQB1 型保护配电箱照明与信号电路图

的是常闭式双闸瓦制动器。制动器平时抱紧制动轮,当起重机工作电动机通电时才松开,因此,在任何时候停电都会使闸瓦抱紧制动轮。常闭式双闸瓦制动器有短行程和长行程两种。

制动器分交流制动器和直流制动器两种。交流制动器有单短行程 MZD1 系列制动电磁铁和三相长行程 MZS1 系列制动电磁铁,直流制动器有短行程 MZZ1 系列制动电磁铁和长行程 MZZ2 系列电磁铁。制动器和制动电磁铁配合,俗称电磁抱闸。液压电磁铁实质上是一个直流长行程电磁铁,是目前广泛采用的一种新型电磁铁,常用的有 MY1 系列液压电磁铁。液压电磁铁动作平稳,无噪声,寿命长,能自动补偿瓦块磨损,但制造工艺要求高,价值贵。

(七)电气控制电路分析

通常情况下,10 t 以下的桥式起重机采用单卷扬机构,15/3 t 以上的桥式起重机采用双卷扬机构。下面以 15/3 t 的桥式起重机为例,详细介绍桥式起重机的工作过程和原理。

15/3 t 桥式起重机为交流电动机拖动,由于主钩的提升电动机功率较大,所以采用磁力控制盘和主令控制器操纵,副钩、大车、小车均采用凸轮控制器操纵。桥式起重机的各种控制和保护(过载、短路、终端、紧急、舱口栏杆安全开关等保护)由保护配电箱来控制。

图 3.9 为 15/3 t 中级通用吊钩桥式起重机控制电路。它有两台卷扬机构,主钩额定起重量为 15 t,副钩额定起重量为 3 t,分别用 M_5 和 M_1 传动,大车采用 M_3 和 M_4 传动,小车由 M_2 传动。

图中 SA_1 为紧急开关,当主令控制器失控时,作紧急停止用;SQ_1、SQ_2 为小车前后限位开关;SQ_3、SQ_4 为大车左右移动限位开关;SQ_9、SQ_5 为主、副钩提升限位开关;SQ_6 为仓口门安全开关;SQ_7、SQ_8 为端梁栏杆门安全开关。当检修人员上桥架检修机电设备或到大车轨道上检修设备而打开门时,使 SQ_6 或 SQ_7、SQ_8 释放,以确保检修人员的安全。$KI_1 \sim KI_5$ 分别为 M_1、M_2、M_3、M_4、M_5 电机的过流继电器,实现过流和过载保护,KI_0 为总过流继电器。$YA_1 \sim YA_5$ 分别为副钩、小车、大车、主钩的制动电磁铁。控制电路由凸轮控制器 $QM_1 \sim QM_3$、主令控制器 SA_2 和交流磁力控制盘等组成,电路简单,工作可靠,操作灵活,是标准化电路。

下面总体介绍一下控制电路的工作原理。

合上电源开关 QS_1、QS_2,电路有电。在所有凸轮控制器及主令控制器均在"0"位,所有安全开关均压下,且所有过流继电器均为动作的前提下,按下启动按钮 SB ,电源接触器 KM 通电吸合,并通过各控制器的联锁触点,限位开关组成自锁电路,便可以操纵 QM_1、QM_2、QM_3、SA_2 工作。

副钩和小车分别由电动机 M_1、M_2 拖动,用两台凸轮控制器 QM_1、QM_2 分别控制电动机 M_1、M_2 的启动、变速、反向和停止,副钩和小车的限位保护由限位开关 SQ_5、SQ_1、SQ_2 实现。

大车采用两台电动机 M_3、M_4 拖动,用一台凸轮控制器 QM_3 同时控制电动机 M_3、M_4 启动、变速、反向和停止。大车左右移动的限位保护由限位开关 SQ_3、SQ_4 分别控制。

主钩由电动机 M_5 拖动,用一套主令控制器 SA_2 和交流磁力控制盘组成的控制系统,控制主钩上升、下降、制动、变速和停止等动作。主钩提升限位保护由限位开关 SQ_9 控制。

三台凸轮控制器 QM_1、QM_2、QM_3 和一台主令控制器 SA_2、交流保护柜、紧急开关等,安装在驾驶室内;电动机各转子电阻、大车电动机 M_3 和 M_4、大车制动电磁铁 Y_{A3} 和 Y_{A4} 以及交流磁力控制盘均安装在大车桥架一侧;桥架的另一侧安装 19 根或 21 根辅助滑线及小车限位开关 SQ_1、SQ_2。小车上有小车电动机 M_2,主、副钩电动机 M_5 和 M_1,提升限位开关 SQ_5、SQ_9 以及制动电磁铁 YA_2、YA_5、YA_1 等。大车限位开关 SQ_3、SQ_4 安装在端梁两边(左右)。

电动机各转子电阻根据电动机型号按标准选择匹配。

起重机在起吊设备时,必须注意安全。只允许一人指挥,并且指挥信号必须明确。起吊时任何人不得在起重臂下停留或行走。起吊设备进行平移操作时,必需高出障碍物 0.5 m 以上。

(八)凸轮控制器的控制电路

图 3.10 为 KT14 - 25 J/1 型凸轮控制器控制电路,用于 15/3 t、20/5 t 桥式起重机的小车及副钩的控制电路。大车的控制采用 KT14 - 25 J/2 型,其接点多了五对,以控制两台电动机转子电阻的切换,控制电路与 KT - 25 J/1 型相似。从图 3.10 中可以看出,凸轮控制器有十二对触点,分别控制电动机的主电路、控制电路及其安全、联锁保护电路。

1.电路特点

(1)可逆对称电路。通过凸轮控制器触点来换接定子电源相序,实现电动机正反转以及

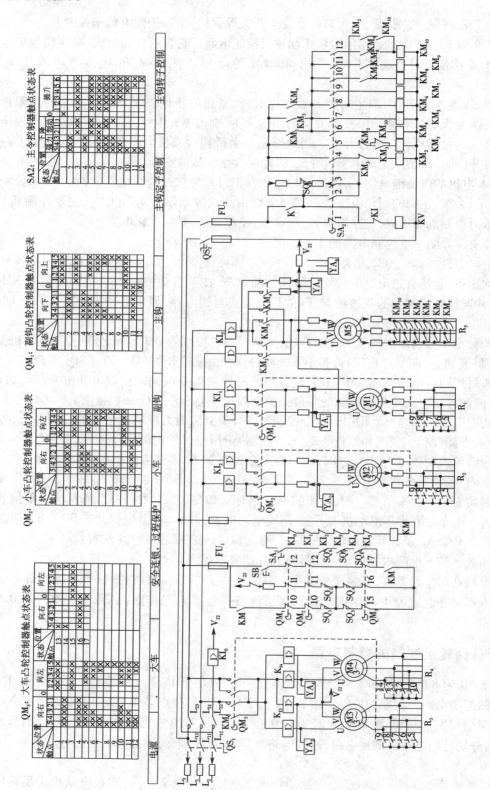

图 3.9 51/3t 吊钩桥式起重机控制线路

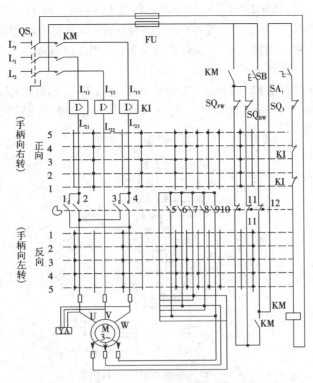

图 3.10　KT14 – 25 J/1 型凸轮控制器控制电路图

改变电动机转子外接电阻。在控制器正反转对应挡位,电动机工作情况完全相同。

(2)由于凸轮控制器触点数量有限,为了获得尽可能多的调速等级,电动机转子串接不对称电阻。

(3)当凸轮控制器用于控制提升机构电动机时,提升与下降重物,电动机处于不同的工作状态。

提升重型负载时,第一挡为预备级,用于张紧钢丝绳,在第 2、3、4、5 挡时,提升速度逐渐提高。

下放重型负载时,电动机工作在再生发电状态。

提升轻载时,第 I 挡为启动级,第 2、3、4、5 挡速度逐渐提高,但提升速度变化不大。

下降空钩或轻载时,如果不足以克服摩擦转矩,电动机工作在强迫下降电动状态。所以,该控制电路在用于平移机构时,正反转机构特性完全对称;在用于提升机构时,不能获得重载或轻载的低速下降。在下降过程中需要准确定位时,可采用点动操作方式,即控制器手柄扳至下降"1"位后立即扳回"0"位,经多次点动,配合电磁抱闸便能实现准确定位的控制。

2.电动机定子电路的控制

合上三相电源刀闸开关 QS_1,三相交流电经接触器 KM 的主触点和过电流继电器 KI,其中一相 L_{22} 直接与电动机 M 的 V 端相连,另外两相 L_{21} 和 L_{23} 分别通过凸轮控制器的四对触点与电动机 M 的 U、W 端相连。当控制器的操作手柄向右转动时(第 1 ~ 5 挡),凸轮控制器的主触点 2、4 闭合,使 $L_{21} – U$ 和 $L_{23} – W$ 相连通,电动机 M 加正向相序电压而正转。当控制器的操作手柄向左转动时,凸轮控制器的另外两对触点 1、3 闭合,即 $L_{21} - W$ 和 $L_{23} - U$ 相连通,电动机 M 加反向相序电压而反转。通过凸轮控制器的四对触点的闭合与断开,可以实现电动机的正反转和停止控制。四对触点均装有灭弧装置,以便在触点通断时能更好地熄灭电弧。

3. 电动机转子电路的控制

凸轮控制器有五对触点(5~9)控制电动机转子电阻接入或切除,以达到调速的目的。凸轮控制器的操作手柄向右(正向)或向左(反向)转动时,五对触点通断情况对称,转子电阻接入与切除如图 3.11 所示。

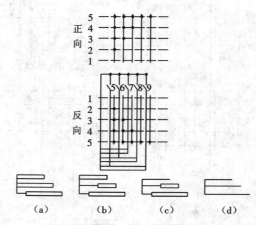

图 3.11　凸轮控制器转子电阻切换情况

(a)控制手柄置于"2"位置　(b)控制手柄置于"3"位置
(c)控制手柄置于"4"位置　(d)控制手柄置于"5"位置

当控制器手柄置于第 1 挡时,转子加全部电阻,电动机以最低速运行;当置于"2"、"3"、"4"及"5"的位置时,转子电阻被逐级不对称切除(图(a)、(b)、(c)及(d)),电动机的转子转速逐渐升高,可调节电动机转速和输出转矩,相应的电动机的机械特性如图 3.12 所示。当转子电阻被全部切除时,电动机将运行在自然特性曲线"5"上。

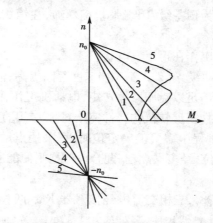

图 3.12　用 KT14 - 25 J/1 型控制电动机的机械特性

4.凸轮控制器的安全联锁触点

在图 3.10 中,凸轮控制器的触点 12 用来作为零位启动保护。零位触点 12 只有在控制器手柄置于"0"位时处于闭合状态。按下按钮 SB,接触器 KM 才能通电并自锁,M 才能启动,其他位置均处于断开状态。运行中如突然断电又恢复供电时,M 不能自行启动,而必须将手柄回到"0"位重新操作,联锁触点 10、11 在"0"位亦闭合。当凸轮控制器手柄反向时,联锁触点 10 闭合、触点 11 断开。联锁触点 10、11 与正向和反向限位开关 SQ_{FW}、SQ_{BW} 组成移动机构(大车、小车)的限位保护。

5.控制电路分析

在图 3.10 中,合上三相电源的开关 QS_1,凸轮控制器手柄置于"0"位,触点 10~12 均闭合。合上紧急开关 SA_1,如大车顶部无人,舱口关好以后(即触点开关 SQ_1 闭合),这时按下启动按钮 SB,电源接触器 KM 通电吸合,其常开触点闭合,通过限位开关触点 SQ_{FW}、SQ_{BW} 构成自锁电路。当手柄置于反向时,联锁触点 11 闭合、10 断开,移动机构运动,限位开关 SQ_{BW} 作为限位保护。当移动机构运动(例如大车向左移动)至极限位置时,压下 SQ_{BW},切断自锁电路,线圈 KM 自动失电,移动机构停止运动。这时,欲使移动机构向另一方面运动(如大车向右移动),则必须先使凸轮控制器手柄回到"0"位,才能使接触器 KM 重新通电吸合(实现零位保护),并通过 SQ_{FW} 支路自锁,操作凸轮控制器手柄于正向位置,移动机构才能向另一方向运动。

当电动机 M 通电运转时,电磁抱闸线圈 YA 同时通电,松开电磁抱闸,运动机构自由旋转。当凸轮控制器手柄置于"0"位或限位保护时,,电源接触器 KM 和电磁抱闸线圈 YA 同时失电,使移动机构准确停车。

本电路还能实现下列保护:

(1)过电流继电器 KI 实现过流保护;

(2)事故紧急保护;

(3)关好舱口(大车桥梁上无人),压下舱口开关 SQ_1,触点闭合,实现开车时的安全保护。

6.副钩凸轮控制器操作分析

1)轻载时的提升操作

当提升机构起吊负载较轻时,如 M_L 为满负荷的 40% 时,扳动凸轮控制器手柄由"0"依次经由"1"、"2"、"3"、"4"直至"5"位,此时电动机稳定运行在图 3.13 对应的转速 n_A(A 点)上。该转速已接近电动机同步转速 n_0,故可获得此负载下的最大提升速度,这对加快吊运速度,提高生产率是有利的。但在实际操作中,应注意以下几点。

(1)严禁采用快速推挡操作,只允许逐步加速,此时物体虽然较轻,但电动机从 $n=0$ 增速至 $n_a \approx n_0$,若加速时间太短,会产生过大的加速度,给提升机构和桥架主梁造成强烈的冲击。为此,应逐渐推挡且每挡停留 1 s 为宜。

(2)一般不允许控制器手柄长时间置于提升第 1 挡提升物体。因为在此挡位,电动机启动转矩 $M_{st}/M_N = 0.75$,电动机稳定转速 n_A/n_0 为 0.5 左右,提升速度较低,当提升距离较长时,采用该挡位工作极不经济。

(3)当物件已提至所需高度应制动停车时,将控制器手柄逐级扳回至"0"位,每挡也应有

1 s 左右的停留时间,使电动机逐级减速,最后制动停车。

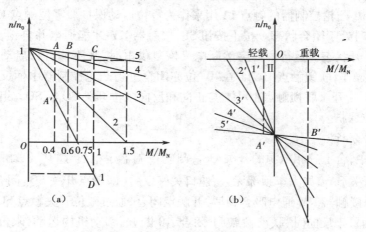

图 3.13　提升与下放重物时电动机机械特性

(a)提升时　(b)下放时

(4)当起吊物件负载转矩 M_L 为满负荷的 50% ~ 60% 时,由于物件较重,为了避免电动机转速增加过快对起重机的冲击,控制器手柄可在提升"1"位停留 2s 左右,然后逐级加速,最后电动机稳定运行在图 3.13(a)中的 B 点。

2)重载负载的提升操作

当起吊物件负载,转矩 M_L 为满负荷时,控制器手柄由"0"位推至提升"1"位,此时电动机启动转矩 $M_{st}/M_N = 0.75$,小于 M_L,故电动机不能启动旋转。这时,应将手柄迅速通过提升"1"位而置于提升"2"位,然后再逐级加速,直到提升"5"位。在此负载下,电动机稳定运行在图 3.13(a)中的 C 点。

在提升重载时,无论在提升过程还是为了使已提升的重物停留在空中,在将控制器手柄扳回"0"位的操作时,手柄不允许在提升"1"位有所停留,不然重物不但不上升,反而以倒拉反接制动状态下降,即负载转矩拖动电动机以 $n_0 1/3$ 的转速 n_D 下放重物,稳定工作在图 3.13(a)中的 D 点,于是,发生重物下降的误动作或重物在空中停不住的危险事故。所以,由提升"5"位扳回"0"位的正确操作是:在返回每一挡位时,应有适当的停留时间,一般为 1s;在提升"2"位时,应停留时间稍长点,使速度下来后再迅速扳回"0"位,制动停车。

一方面由于在低挡位提升速度低,生产效率低;另一方面由于电动机转子长时间串入电阻运行,电能损耗大;因此,无论是重载还是轻载提升工作时,在平稳启动后都应把控制器手柄推至提升"5"挡位,而不允许在其他挡位长时间提升重物。

3)轻载负载下放时的操作

当轻型负载下放时,可将控制器手柄扳到下放"1"位,从图 3.13(b)中可知,电动机工作在反转电动机状态运转。

4)重型负载下放时的操作

当下放重型负载时,电动机工作在再生发电制动状态,这时,应将控制器手柄从"0"位迅速扳至下放"5"位,使被吊物件以稍高于同步转速下放,并在图 3.13(b)中的"B"点运行。

综上所述,凸轮控制器有如下作用:

（1）控制电动机的正转、停止或反转；

（2）控制转子电阻的大小、调节电动机的转速，以适应桥式起重机工作的不同速度要求；

（3）适应起重机较频繁工作的特点；

（4）有零位触点，实现零位保护；

（5）与限位开关 SQ_{FW}、SQ_{BW} 共同工作，可限制移动机构的位移，防止越位而发生人身与设备事故。

（九）主钩升降机构控制电路

由于拖动主钩升降机构的电动机容量大，不适于转子三相电阻不对称调速，因此采用由主令控制器与 PQR10 A 系列控制屏组成的磁力控制器来控制主钩升降，并将尺寸较小的主令控制器安装在驾驶室，控制屏安装在大车顶部。采用磁力控制器控制后，由于是用主令控制器来控制接触器，再由接触器控制电动机，要比用凸轮控制器直接接通主电路那种控制方式更为可靠，且维护方便，减轻了操作强度，因此，适合于繁重的工作状态。但磁力控制器控制系统的电气设备比凸轮控制器投资大，并且结构复杂得多，因而多用于钩升降机构上。

图 3.14 所示为由 LK – 12/90 型主令控制器与 PQR10 A 系列控制屏组成的磁力控制器控制图。控制电路采用 LK1 – 12/90 型主令控制器，共有 12 对触头，提升与下降各有 6 个位置。通过主令控制器的 12 对触头的闭合与分断来控制定子电路和转子电路的接触器，并通过这些接触器来控制电动机的各种工作状态，使主钩上升与下降。由于主令控制器为手动操作，所以电动机工作状态的变化由操作者掌控。电路的工作原理是：合上电源开关 QS_1、QS_2，主令控制器 SA_2 置于"0"位，触点 1 闭合，电压继电器 KV 通过电流继电器 KI_5 的长闭触点通电吸合并自锁。当 SA_2 手柄置于其他位置时，触点 1 断开，但 KV 已通电自锁，为电动机启动做好了准备。

1. 提升时电路的工作情况

（1）主令控制器 SA_2 手柄置于提升"1"挡时，根据触点状态表可知，触点 3、5、6、7 闭合。触点 3 闭合，将提升限位开关 SQ_9 串入电路，起提升限位保护作用。触点 5 闭合，提升接触器 KM_3 通电吸合并自锁，电动机 M_5 定子绕组加正向相序电压；KM_3 辅助触点闭合，为切除各级电阻的接触器和接通制动电磁铁的电源而做准备。

触点 6 闭合，KM_4 通电吸合并自锁；制动电磁铁 YA 通电，松开电磁抱闸，提升电机 M_5 可自由旋转。触点 7 闭合，KM_5 通电吸合，其常开触点闭合，转子切除一级电阻 R_1。

可见，这时电动机转子切除一级电阻，电磁抱闸松开，电动机 M_5 定子加正向相序电压低速启动，当电磁转矩等于阻力矩时，M_5 做低速稳定运转，工作在图 3.15 所示的特性曲线 1 上。

（2）主令控制器 SA_2 手柄置于提升"2"挡时，较"1"挡增加了触点 8 闭合，接触器 KM_6 通电，其主触点闭合，又切除了一级转子电阻 R_2，电动机转速增加，工作在图 3.15 的特性曲线 2 上。

（3）SA_2 手柄置于提升"3"挡时，又增加了触点 9 闭合，接触器 KM_7 通电吸合，再切除了一级转子电阻 R_3，电动机转速又增加，工作在图 3.15 的特性曲线 3 上。其辅助触点 KM_7 闭合，为 KM_8 通电做准备。

（4）SA_2 手柄置于提升"4"、"5"、"6"挡时，接触器 KM_8、KM_9、KM_{10} 相继通电吸合，分别切

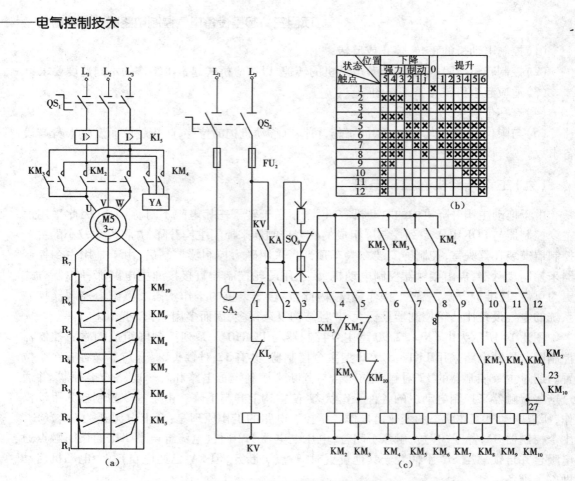

图 3.14　主令控制器的控制原理图
（a）主电路图　（b）SA₂ 触点状态表　（c）控制电路图

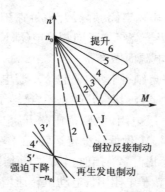

图 3.15　用 LK1 – 12/90 控制电动机的机械特性曲线

除各段转子电阻 R_4、R_5 和 R_6，电动机分别运行在图 3.15 的特性曲线 4、5、6 上，当 SA_2 手柄置于提升"7"挡时，电动机转子电阻除保留一段长串电阻 R_7 外，其余全部切除，电动机转速最高。

综上所述，"上升"各挡用于提升负载，电动机处于电动工作状态。其中"上1"挡的转矩最小，转速最慢，主要用于起吊开始时使钢丝绳张紧，以消除传动间隙，"上2"~"上6"挡分别可获得不同的提升速度。

2. 下降时电路的工作情况

主令控制器 SA_2 下降也有6挡，前三挡（J、1、2）因触点3和5都接通，电动机仍加正向相序电压（与提升时相同），仅转子中分别串入较大电阻，在一定位能负载力矩作用下，电动机运转于倒拉反接制动状态（低速下放重物），从而得到较小的一下降速度。当负载较轻时，电动机可以运转在正向电动状态。后三挡（3、4、5）电动机加反向相序电压，电动机按下降方向运转，强力下放重物。具体分析要结合触点状态表及控制电动机的机械特性进行分析，这里不再详细分析。

总之，在下降重物的控制中，主令控制器 SA 置于前三挡（J、1、2）时，电动机加正向相序电压，其中"J"挡为准备挡。当负载较重时，"下1"和"下2"挡电动机运转在负载倒拉反接制动状态，可获得重载低速下降，而"下2"挡速度比"下1"挡速度高，更适合中型载荷低速下放。若负载较轻时，电动机会转于正向电动状态，重物不但不能下降，反而会被提升。

SA 置于后三挡时，常用于轻载下放或空钩下放。此时，电动机加反向相序电压，工作在反转电动状态，若负载较轻或空钩时，强迫放下重物，速度"下5"挡最高，"下3"挡最低。若负载较重，可以得到超过同步速度的下降速度，而且"下3"挡速度最高，"下5"挡最低，电动机工作在再生制动状态。由于"下3"挡、"下4"挡速度较高，很不安全，因而只能选择"下5"挡速度。重物下降时，"J"挡是准备挡，"下2"挡下降速度比"下1"挡高；"下3"、"下4"、"下5"挡的下降速度会超过同步速度，而"下3"挡速度最高，不安全，常用"下5"挡，在联锁保护中应考虑这一点。

1）联锁保护

（1）顺序联锁保护环节。为了使电动机的特性过渡平滑，确保转子电阻按顺序依次短接，在每个加速接触器的支路中，加了前一个接触器的常开触点。只有前一个接触器接通后，才能接通下一个接触器。这样就保证了转子电阻被逐级顺序切除，防止运行中的冲击现象。

（2）由强力下降过渡到倒拉反接制动下降，避免重载时出现高速的现象。在"下5"挡下降较重重物时，如果要降低下降速度，就需要将主令控制器 SA 的手柄扳回"下2"或"下1"挡，这时必然要通过"下4"、"下3"挡。为了避免经过"下4"、"下3"挡时速度过高，在"下5"挡 KM_{10} 线圈通电吸合时，用它的常开触点（23－27）与它串联进行自锁。为了避免提升受到影响，自锁回路中又串了下降接触器 KM_2 的常开触点，使其只有下降时才可能自锁。在下降时，当 SA 手柄由"下5"扳到"下2"、"下1"挡时，若不小心停留在"下4"或"下3"挡，有了这样的自锁保护，其电路状态与下降速度也会与"下5"相同。

（3）防止直接启动的保护。用 KM_{10} 常闭触点与 KM_3 的线圈串联，这样使得只有 KM_{10} 释放后 KM_3 才能吸合，保证在反接过程中转子回路串一定的电阻，防止过大的冲击电流。

（4）在制动下降挡位与强力下降挡位相互转换时，断开机械制动的保护环节。主令控制器 SA 在"下2"与"下3"挡转换时，接触器 KM_3 与 KM_2 也互相通断；由于电器动作需要时间，当一电器已释放而另一电器尚未完全吸合时，会造成 KM_3 与 KM_2 同时断电，因而将 KM_2、KM_3、KM_4 三对常开触头并联，KM_4 触点起自锁作用，保证在切换时 KM_4 线圈仍通电，电磁抱闸始终松开,防止换挡时出现高速制动而产生强烈的机械振动。

2)其他保护

通过电压继电器 KV 来实现主令控制器 SA 的零位保护;通过过电流继电器 KI₅ 实现过流保护;利用 SQ 实现提升限位保护。

3.操作注意事项

(1)本电路由主令控制器 LK1 – 12/90 和交流磁力控制盘 PQR10 A 组成,在下降的前三挡为制动挡,其中"J"挡时电磁抱闸没有松开。电动机虽然产生提升方向的电磁转矩,但无法自由转动,因而在"J"挡,停留时间不允许超过 3 s,以免电机堵转而烧坏。

(2)在下降的制动挡("下 1"、"下 2"挡),电动机是按提升方向产生转矩的。当下放重物时,电动机运行在倒拉反接制动状态,这种状态时间一般不允许超过 3 min。

(3)轻载或空钩时,不使用制动挡"下 1"、"下 2"挡下放重物,因为轻载空钩负荷过轻,不但不能下降负载,反而将其提升。

(4)当负载很轻,要求点动慢速下降时,可以采用"下 2"和"下 3"挡配合使用,操作者要灵活掌握,否则"下 2"挡停留稍长,负载即被提升。

(5)重载快速下降时,主令控制器 SA₂ 手柄应快速拉到强力下降"下 5"挡,使手柄通过制动下降"J"、"下 1"、"下 2"三挡和强力下降"下 3"、"下 4"两挡的时间最短。特别提出不允许在"下 3"、"下 4"挡停留,否则,重载下放速度过高(电动机转速已超过同步转速,运转于再生发电制动状态),那是十分危险的。

4.20/5 t 桥式起重机

20/5 t 桥式起重机与 15/3 t 桥式起重机极为相似,它们的控制电路相同,只是 20/5 t 桥式起重机机械设备和电动机比 15/3 t 桥式起重机的大,相应的控制设备和保护设备要大一个等级。电动机各转子电阻根据电动机型号按标准选择匹配。

(十)15/3 t 桥式起重机主要电气元件明细表

15/3 t 桥式起重机主要电气元件明细见表 3.3 所示。

表 3.3　15/3 t 桥式起重机主要电气元件明细表

代号	名称	规格与型号	数量	用途
M₁	电动机	JZR41 – 8　11 kW	1	驱动副钩升降
M₂	电动机	JZR12 – 6　3.5 kW	1	驱动小车横向运动
M₃、M₄	电动机	JZR22 – 6　7.5 kW	2	驱动大车纵向运动
M5	电动机	JZR63 – 10　60 kW	1	驱动主钩升降
QM₁	凸轮控制器	KT14 – 25 J/1	1	副钩电动机 M₁ 控制
QM₂	凸轮控制器	KT14 – 25 J/1	1	小车电动机 M₂ 控制
QM₃	凸轮控制器	KT14 – 25 J/2	1	大车电动机 M₃、M₄ 控制
SA₂	主令控制器	LK1 – 12/90	1	主钩电动机 M₅ 控制
YA₁	电磁铁	MZDI – 300	1	副钩电机 M₁ 制动电磁铁
YA₂	电磁铁	MZDI – 100	1	小车电动机 M₂ 制动电磁铁
YA₃、YA₄	电磁铁	MZDI – 200	2	大车电动机制动电磁铁

代号	名称	规格与型号	数量	用途
YA_5、YA_6	电磁铁	MZSI－45H	2	主钩电动机制动电磁铁
R_1	电阻器	2KI－41－8/2	1	副钩电动机 M_1 转子串电阻
R_2	电阻器	2KI－12－6/1	1	小车电动机 M_2 转子串电阻
R_3、R_4	电阻器	4KI－22－0/1	2	大车电动机转子串电阻
R_5	电阻器	4P5－63－10/9	1	主钩电动机 M_5 转子串电阻
QS_1	开关	DH13－400/3	1	电源总开关
QS_2	开关	DH11－200/2	1	主钩电动机 M_5 主电路开关
SA_1	开关	A－3161	1	驾驶室紧急开关
SA_2	开关	DZ5－50	1	主钩电动机 M_5 控制电路开关
SB	按钮	LA19－11	1	主接触器启动按钮
KM	接触器	CJ12B－400/3	1	总电源接通接触器
KI_0	电流继电器	JL4－150/1	1	总过电流保护
KI_1～KI_4	电流继电器	JL4－40	4	M_1～M_4 过电流保护
KI_5	电流继电器	JL4－150	4	主钩电动机 M_5 过电流保护
FU_1～FU_2	熔断器	RL1－15/5	2	主接触器回路短路保护
KM_2	接触器	CJ12B－100	1	控制主钩电动机 M_5 反转
KM_3	接触器	CJ12B－100	1	控制主钩电动机 M_5 正转
KM_4	接触器	CJ12B－100	1	控制主钩制动电磁铁
KM_5～KM_{10}	接触器	CJ12B－100	6	控制 M_5 转子串电阻
KA	欠电压继电器	JT4－10P	1	主钩电动机欠电压保护
SQ_9	位置开关	JLXK1－311	1	主钩上限位保护开关
SQ_5	位置开关	JLXK1－311	1	副钩上限位保护开关
SQ_1～SQ_4	位置开关	JLXK1－311	4	大、小车限位行程开关
SQ_6	位置开关	JLXK1－311	1	舱口安全行程开关
SQ_7～SQ_8	位置开关	JLXK1－311	2	横梁栏杆安全行程开关

四、项目解决方案

（一）15/3 t 桥式起重机控制电路的安装与调试

电气元件的利用项目（一）和项目（二）所掌握的知识和技能，结合 15/3 t 吊钩桥式起重机控制电路图去完成安装。在安装过程中要特别注意凸轮控制器和主令控制器的安装，一定要参照其安装说明进行安装。

凸轮控制器的安装及维修注意事项如下：

（1）安装前预先检查控制器，如确定控制器操作灵巧，档位清晰时，控制器才可安装；

（2）控制器必须牢固地固定在角铁架或操作台上，外接电缆导线可由底座上的孔穿入；

（3）控制器应可靠接地；

(4)控制器定子电路触头必须装上完好的灭弧罩;

(5)在控制器所有转动与滑动摩擦处,必须定期加润滑油脂,以减少摩擦;

(6)控制器在工作时触头由于电弧而产生烧黑或烧毛现象,这并不影响其性能,不必清除,否则反会促使控制器提前损坏;

(7)控制器触头的超额行程小于 0.5 mm 时应调换新触头,在安装触头系统时在其滚子轴上和动、静触头导向处涂上润滑油脂,并校正双断点触头闭合和断开的同步性;

(8)应定期清除控制器中的灰尘;

(9)经常注意紧固零件是否有松动情况,如有必须消除。

主令控制器的安装及维修也要针对产品型号而定,LK 型主令控制器的安装使用及维护注意事项如下。

(1)安装时必须将控制器牢固地装在墙壁或托架上,在控制器的底座上各有两个方向的引线。

(2)控制器应定期检查,每周不应少于一次,并须遵守下列要求:

①在摩擦部分应经常保持有一薄层的润滑剂(可采用工业凡士林);

②触头的工作表面应无很大的熔斑,烧熔的地方可用细锉刀进行细微修理,不允许采用砂纸修磨;

③所有螺纹连接必须紧固,特别是触头的连接部位;

④必须定期清除控制器中的灰尘和泥土,可用压缩空气或干布擦抹;

⑤损坏的零件应及时更换,轴承及齿轮转动部分应经常涂上洁净的润滑油。

(3)整机出厂时手柄不装配,用户装手柄时应先将定位件装于轴端的平槽位置,将螺杆拧入定位压在平槽之上,用扳手将螺杆上端螺母按顺时针方向拧紧,使螺杆与轴端保持足够压力,然后将螺杆下端螺母拧固在定位件之上,使用中发现手柄松动,可按上述操作方法紧固。

当所有电气元件安装完毕经检查无误后,可进行通电试车调试。

(二)常见故障原因及检修方法

桥式起重机是典型的生产机械。它的电机和电器的维修及故障的分析、排除与其他电器设备相似。但是,为了保证人身和设备的安全,它对电器可靠运行要求较高,特别是限位开关和安全开关电器,工作可靠性尤为重要。现将常见故障原因及排除方法整理如表3.4 所示。

表3.4　桥式起重机常见故障原因及排除方法

1.操作电路故障		
故障现象	故障原因	处理方法
合上保护盘的刀开关 SQ_1、SQ_2 时,熔断器熔断	操作电路中有一相接地短路	检查对地绝缘情况,消除接地故障

故障现象	故障原因	处理方法
电源接触器 KM 不能接通	① 电路无电压 ② 刀开关未合或未合好 ③ 紧急开关 SA₁ 未合或未合好 ④ 控制手柄未在零位 ⑤ 安全开关未压或未压好 ⑥ 过电流继电器触点未闭合好 ⑦ FU₁ 断路 ⑧ KM 线圈断路 ⑨零位保护和安全联锁触点电路断开	① 用万用表检查有无电压 ② ~⑦检查各电气元件有无损坏 ⑧ 检查 KM 线圈支路的接通条件或更换线圈 ⑨ 查线,找出断路点
起重机改变原有运转方向	检修时将相序搞错	恢复相序
操纵控制器,电动机只能向一个方向转动	① 终端开关有一个失灵 ②接错线	① 查终端开关,并恢复正常 ② 找出故障,复原
终点开关的杠杆已动作,而相应电动机不断电	① 终点开关的触点已发生短路现象 ②杠杆虽动作,但触点无动作	① 查电器短接点 ② 检查并恢复开关传动机构
控制器合上后,过电流继电器 KI 动作	① 整定值偏小 ② 定子电路中有接地故障 ③ 机械部分有卡死现象	① 按标准调整 ② 用兆欧表找出绝缘损坏的地方 ③ 查出机械卡死的部分
合上接触器 KM 后,过电流继电器 KI 动作和接触器释放	① 控制器的电路接地 ② 接触器的灭弧罩未紧固好,造成相间短路跳闸	① 逐一检查对地点 ② 上紧灭弧罩的螺钉;如灭弧罩有缺口,则应更换

2. 电动机故障

故障现象	故障原因	处理方法
操作控制器,电动机不转	① 电路中无电 ② 缺相 ③ 控制器的动静卡接触不良 ④ 电刷与滑线接触不良或断线 ⑤ 转子开路	① 用表检查有无电压 ② 用表检查是否缺相 ③ 用表检查控制器触点接触情况 ④ 观察、调整电刷与滑线的接触情况 ⑤ 检查转子有无断路或电刷接触不良
电动机在运转中有异常响声	① 轴承缺油或滚珠烧毛 ② 转子擦铁芯 ③ 槽楔膨胀 ④有异物入内	① 加油或更换轴承 ② 更换轴承或修补轴承座或加工转子 ③ 更换 ④ 清除
电动机发热	① 通电持续率超过规定值 ② 被驱动的机械有故障 ③电源电压过低	① 减小通电持续率、减轻负载 ② 查机械自由转动情况,对症处理 ③ 减小负载或升高电压
电动机在空载时转子开路,或带负载后转速变慢	① 转子电路开路 ② 转子电阻有两处接地 ③ 绕组有部分短路或端部接线处有短路	① 查转子电路 ② 用兆欧表检查,并修补破损处 ③ 加低电压、比较各处发热程度

105

故障现象	故障原因	处理方法
电刷产生火花超过规定等级或滑环被烧毛	① 电刷接触不良或有油污 ② 电刷接触太紧或太松 ③ 电刷牌号不准确	① 加工电刷,保证接触,用酒精擦净油污 ② 调整电刷弹簧 ③ 更换电刷
电动机输出功率不足,转速慢	① 制动器未松开 ② 转子或定子电路中的启动电阻未安全切除 ③ 机械有卡现象 ④ 电网电压下降	① 检查、调整制动器 ② 检查控制器,使接触器按控制电路动作 ③ 消除机械故障 ④ 消除电压下降原因或调整负荷

3.交流电磁铁故障

故障现象	故障原因	处理方法
电磁铁断电、衔铁复位	① 机构被卡住 ② 铁芯面有油污粘住 ③ 寒冷时润滑油冻结	① 整修机构 ② 清除铁芯面的油污 ③ 处理润滑油
响声很大	① 电磁铁过载 ② 铁芯表面有油污 ③ 电压过低 ④ 短路环断裂 ⑤ 铁芯面不平	① 调整弹簧压力或调整电磁铁运动轨道 ② 用汽油擦净 ③ 查电网电压 ④ 检修或更换 ⑤ 锉平或铣平铁芯平面

4.控制器故障

故障现象	故障原因	处理方法
控制器工作中产生卡轧或滑移	① 触点粘在铜片上 ② 滑动部分有故障(紧固件嵌入轴承部分) ③ 定位机构滑移	① 调整触点压力弹簧 ② 检修 ③ 固定定位机构
触点之间火花过大	① 动静片接触不良、烧毛 ②过载	① 调整、整修 ② 调整负荷

5.交流接触器及继电器故障

故障现象	故障原因	处理方法
线圈过热或烧坏	① 线圈过载 ② 线圈有匝间短路 ③ 动、静铁芯闭合后有间隙 ④电压过高或过低	① 减小动触点上的弹簧压力 ② 更换线圈 ③ 检查间隙产生的原因,并排除故障 ④ 调整电压
触点过热或磨损过大	① 触点压力不足 ② 接触不良(氧化、积垢、烧片) ③ 操作频率过高,电磨损和机械磨损增大	① 调整触点压力弹簧 ② 清理、修整 ③ 更换触点

续表

故障现象	故障原因	处理方法
衔铁不释放或释放缓慢	① 触点压力过小 ② 触点熔焊 ③ 可动部分被卡住 ④ 反力弹簧损坏 ⑤ 铁芯中剩磁过大 ⑥ 铁芯面有油污	① 调整触点 ② 排除故障或修理 ③ 排除卡住故障 ④ 更换反力弹簧 ⑤ 更换铁芯 ⑥ 清除油污
衔铁吸不上或吸不到位	① 电源电压过低或波动过大 ② 线圈断线或烧坏;线圈支路有接触不良、断路点 ③ 可动部分被卡住 ④ 触点压力和超行程过大	① 调整电源 ② 检查修复电路或更换线圈 ③ 排除卡住故障 ④ 将触点调整至合适
衔铁噪声大	① 衔铁与铁芯的接触不良或衔铁歪斜 ② 短路环损坏 ③ 触点弹簧压力过大 ④ 电源电压低	① 清除铁芯面上的油污、锈蚀,修正铁芯面或轨道 ② 更换铁芯 ③ 调整弹簧 ④ 调整电压

上表是桥式起重机电器方面常见故障的分析与处理方法,能起到抛砖引玉的作用。真正熟练地掌握其维修技能还需在实际工作中不断地去积累经验,并能把所掌握的技能灵活地运用到实际工作中,最终成为一名优秀的电气工作者。

五、知识拓展

常用起重设备除起重机外还有电动葫芦,电动葫芦是将电动机、减速器、卷筒、制动器和运行小车等设备紧凑地结合在一起的起重设备。CD 型电动葫芦的结构和外形如图 3.16 所示。它由提升机械和移动装置构成,并分别用电动机拖动。提升钢丝卷筒 1 由锥型电动机 2 经减速器箱 3 拖动,主传动轴与电磁制动器 4 的圆盘相连接,移动电动机 5 经减速箱拖动导轮在工字钢上移动。

电动葫芦的控制电路如图 3.17 所示。其中 YA 为断电型电磁制动器,电路为点动控制。主电路通过交流接触器 KM_1、KM_2 和 KM_3、KM_4 分别控制电动机 M_1 和 M_2 的起停。

提升时按下 SB_1,KM_1 线圈得电,YA 电磁制动器线圈得电,制动器松开,电动机 M_1 正转提升重物。松开 SB_1,电动机 M_1 失电停止,重物停止上升,同时 YA 电磁制动器线圈断电制动。SQ 为上升限位开关。

下降时按下 SB_2,KM_2 线圈得电,YA 电磁制动器线圈得电,制动器松开,电动机 M_1 反转下放重物。松开 SB_2,电动机 M_1 失电停止,重物停止下降,同时 YA 电磁制动器线圈断电制动。

向前运行时按下 SB_3,KM_3 线圈得电,电动机 M_2 正转,电动葫芦向前运行,松开 SB_3,电动机 M_2 失电,电动葫芦停止向前运动。

向后运行时按下 SB_4,KM_4 线圈得电,电动机 M_2 反转,电动葫芦向后运行,松开 SB_4,电动机 M_2 失电,电动葫芦停止向后运动。

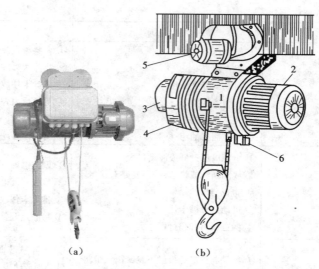

图 3.16　电动葫芦结构图

(a)外形图　(b)结构图

1— 钢丝卷筒　2—锥型电动机　3—减速机　4—电磁制动器　5—电动机　6—限位开关

为了防止正、反转接触器同时通电,造成电源短路,采用了按钮互锁的双重联锁控制。

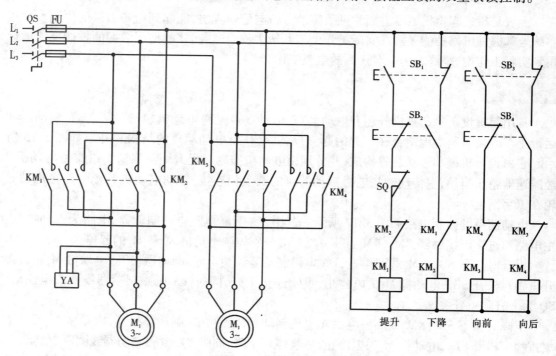

图 3.17　电动葫芦的控制电路图

六、项目小结

在本项目中,介绍了桥式起重机的结构和控制要求,给出了桥式起重机保护电路及其电气控制原理图,并对电气控制原理图进行了详细分析;对凸轮控制器的控制电路与主钩升降机构电气控制电路进行详解,对其操作过程进行了分析;对凸轮控制器、主令控制器的安装及维修事项作了说明;并对桥式起重机常见故障现象的原因及解决方法进行了列表;最后在巩固提高单元中给出了另一种常用起重设备——电动葫芦的结构及其控制原理。

结合凸轮及主令控制器相关产品实物,便于深刻理解其控制原理,再结合桥式起重机的工作过程、状态,进而掌握起重机此类机械的通用电气控制原理。

七、巩固与提高

(1)桥式起重机的电气控制有哪些控制特点?

(2)桥式起重机的电力拖动有哪些特点?

(3)主令控制器与凸轮控制器有何区别,各有什么用途?

(4)凸轮控制器控制电路有哪些保护环节?

(5)起重机上采用了各种电气制动,为何还必须设有机械制动?

(6)提升重物与下降重物时提升机构电动机各工作在何种工作状态,它们是如何实现的?

(7)提升机构电动机的转子有一段常串电阻,有何作用?

(8)桥式起重机的供电有何特点?

(9)起重机小车运行控制原理如图3.18所示,对以下故障案例中的故障现象和故障处理过程进行分析。

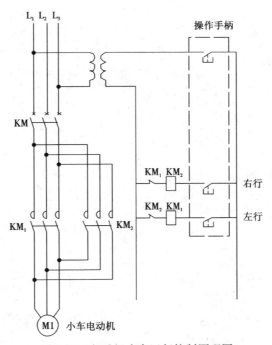

图3.18　起重机小车运行控制原理图

①故障现象。

某厂车间有四台 5 t 地槽式的起重机,一直都运行正常。某日,起重机操作人员反映有台起重机的小车运行不正常,按左行按钮,小车运行正常,但按右行按钮后,小车还是向左行驶。

②故障处理。

维修人员到现场后全面检查,确认电动机三相都正常,各交流接触器也正常,控制电路也正常。合闸试运行,使用中的确出现转向异常问题。仔细检查手柄控制电缆,发现该电缆有破损。处理好破损电缆后,故障消除。

项目四　低压电气控制系统设计

一、项目目标

通过本项目的学习,你将会掌握低压电气控制系统设计的方法和原则。

➢ 掌握电气设计的一般原则。

➢ 掌握电气控制电路设计的方法。

➢ 掌握低压电器及电动机的选择。

➢ 设计 CW6163 型卧式车床的电气控制电路。

二、项目描述

1. 项目要求

完成 CW6163 型卧式车床的电气控制电路设计。

2. 新知识点

电气设计的一般原则;电气控制电路设计的方法;低压电器及电动机的选择方法。

三、相关知识

低压电气控制系统一般都是由机械与电气两大部分组成的。设计低压电气控制系统,首先要明确该控制系统的技术要求,拟订总体技术方案。电气设计是低压电气控制系统设计的重要组成部分,电气设计应满足低压电气控制系统的总体技术方案要求。低压电气控制系统设计涉及的内容很广泛,主要是设计电气原理图,正确选择低压控制电器及编制电气元件一览表等。

（一）电气设计的一般原则

1. 低压电气系统设计的基本要求

(1)熟悉所设计设备的总体技术要求及工作过程,弄清其他系统对电气控制系统的技术要求。

(2)了解所设计设备的现场工作条件、电源及测量仪表种类等情况。

(3)依据总体技术要求,通过技术经济分析,选择出最佳的传动方案和控制方案。

(4)设计机构简单、技术先进、工作可靠、维护方便、经济耐用的电气控制电路,进行模拟试验,验证其能满足所设计设备的工艺要求。

(5)保证使用安全,贯彻执行最新的国家标准。

2. 低压电气系统设计的基本内容

(1)拟订电气设计的技术条件(任务书)。

(2)选择并确定电气传动形式与控制方案。

（3）确定电动机容量。

（4）设计电气控制原理图。

（5）选择电气元件，制定电动机和电气元件明细表。

（6）画出电动机、执行电磁铁、电气控制部件以及检测元件的总布置图。

（7）设计电气柜、操作台、电气安装板以及非标准电器和专用安装零件。

（8）绘制装配图和接线图。

（9）编写设计计算说明书和使用说明书。

根据机械设备的总体技术要求和电气系统的复杂程度不同，以上步骤可增可减，某些图纸和技术文件也可适当合并或增删。

3. 电气设计的技术条件

电气设计的技术条件通常是以设计技术任务书的形式表达的，它是整个电气设计的依据。在任务书中，除了需简要说明所设计的机械设备的型号、用途、工艺过程、技术性能、传动参数以及现场工作条件外，还必须说明以下几点。

（1）用户供电电网的种类（直流或交流）、电压、频率及容量。

（2）有关电气传动的基本特性，如运动部件的数量和用途、负载特性、调速范围和平滑性，电动机的启动、反向和制动的要求等。

（3）有关电气控制的特性，如电气控制的基本方式、自动工作循环的组成、自动控制的动作程序、电气保护及联锁条件等。

（4）有关操作方面的要求，如操作台的布置、操作按钮的设置和作用、测量仪表的种类以及显示、报警和照明要求等。

（5）主要电气设备（如电动机、执行电器和行程开关等）的布置草图。

电气设计的技术条件，是由参与设计的各方面人员根据所设计机械设备的总体技术要求共同讨论拟订的。

4. 电气传动形式的确定

电气传动形式的确定是电气设计的主要内容之一，也是以后各部分设计内容的基础和先决条件。

1）传动形式

（1）单电动机拖动。这是指用一台电动机拖动一台生产机械，通过机械传动链将动力传送到每个工作机构。但当一台生产机械的运动部件较多时，这种拖动方式的机械传动机构将十分复杂。

（2）多电动机拖动。这是指一台设备由多台电动机分别驱动各个工作机构。例如，数控机床，除必需的内在联系外，主轴、每个刀架、工作台及其他辅助运动机构都分别由单独的电动机拖动。这种拖动方式不仅大大简化了生产机械的传动机构，而且控制灵活，为生产机械的自动化提供了有利的条件，所以，现代化机械传动机构基本上采用这种拖动形式。

2）调速性能

金属切削机床的主运动和进给运动，起吊设备、机械手的某些运动机构以及要求具有快速平稳的动态性能和准确定位的设备（如龙门刨床、锁床、数控机床等），都要求一定的调速范围。为了达到一定的调速范围，可采用齿轮变速箱、液压调速装置、双速或多速电动机以及电气的无级调速传动方案。在选择调速方案时,可参考以下几点。

(1)重型或大型设备。主运动及进给运动应尽可能采用电气无级调速。这有利于简化机械结构,缩小齿轮箱体积,降低制造成本,提高机床利用率。

(2)精密机械设备。坐标锁床、精密磨床、数控机床以及某些精密机械手,为了保证加工精度和动作的准确性,便于自动控制,也应采取电气无级调速方案。

电气无级调速一般应用较先进的晶闸管－直流电动机调速系统。但直流电动机与交流电动机相比,体积大、造价高、维护困难。因此,随着交流调速技术的发展,通过全面经济技术指标分析,可以考虑选用交流调速系统。

一般中小型设备,如普通机床没有特殊要求时,可选用经济、简单、可靠的三相笼型异步电动机,配以适当级数的齿轮变速箱。为了简化结构,扩大调速范围,也可采用双速或多速的笼型异步电动机。

在选用三相笼型异步电动机的额定转速时,应满足工艺条件要求,选用二极(极对数 $P=1$)的(同步转速 3 000 r/min)、四极(极对数 $P=2$)(同步转速 1 500 r/min)的或更低的同步转速,以简化机械传动链,降低齿轮变速箱的制造成本。

3)负载特性

不同机械设备的各个工作机构具有不同的载数特性 $T=f(n)$,$P=f(n)$。如机床的主运动为恒功率负载,而进给运动为恒转矩负载。

在选择电动机调速方案时,要使电动机的调速特性与负载特性相适应,以使电动机得到充分合理的应用。例如,双速笼型异步电动机,当定子绕组由 △ 连接改接成 YY 形连接时,转速增加一倍,功率却增加很少,因此它适用于恒功率传动。对于低速为 Y 形连接的双速电动机改接成 YY 形连接后,转速和功率都增加一倍,而电动机所输出的转矩却保持不变,适用于恒转矩传动。他励直流电动机的调磁调速属于恒功率调速,而调压调速则属于恒转矩调速。

4)启动、制动和反向要求

一般来说,由电动机完成机床的启动、制动和反向要比机械方法简单、容易,因此机床主轴的启动、停止、正反转运动和调速操作,只要条件允许最好由电动机完成。

机床主运动传动系统的启动转矩一般都比较小,因此,原则上可采用任何一种启动方式。对于机床的辅助运动,在启动时往往要克服较大的静转矩,所以在必要时也可选用大启动转矩的电动机,或采用增大启动转矩的措施。另外,还要考虑电网容量。对于电网容量不大而启动电流较大的电动机一定要采取限制启动电流的措施,如在定子电路中串入电阻或电抗器降压启动等,以免电网电压波动较大而造成事故。

传动电动机是否需要制动,应视机械设备工作循环的长短而定。对于某些高速高效金属切削机床,为了便于测量和装卸工件或者更换刀具,宜采用电动机制动。如果对于制动的性能无特殊要求而电动机又不需反转时,则采用反接制动可使电路简化。在要求制动平稳、准确,即在制动过程中不允许有反转可能性时,则宜采用能耗制动方式。在起吊运输设备中也常采用具有联锁保护功能的电磁机械制动(俗称电磁抱闸),有些场合也采用再生发电制动(反馈制动)。

电动机的频繁启动、反向或制动会增加过渡过程中的能量损耗,从而导致电动机过热。因此,在这种情况下,必须限制电动机的启动或制动电流,或者在选择电动机的类型时加以考虑。如龙门刨床、电梯设备常要求启动、制动、反向快速而平稳。有些机械手、数控机床、坐标镗床除要求启动、制动、反向快速而平稳外,还要求准确定位。这类高动态性能的设备需采用反馈控制系统、步进电动机系统、交流或直流伺服系统以及其他较复杂的控制手段来满足上述要求。

5)结构要求

电动机的结构形式应当与机械结构的要求相匹配。应用凸缘或内连式电动机可以在一定程度上改善机械结构。考虑到现场环境,可选用防护式、封闭式、防腐式甚至是防爆式的电动机结构形式。

5. 控制方案的确定

随着近代电了技术、计算技术、自动控制、精密测量以及机械结构与工艺的发展,机床等各种机械设备的控制方式发生了深刻的变革,各种新型控制系统不断出现,可供选用的控制方案也越来越多。因此,合理选择电气控制方案是简便、可靠、经济地实现工艺要求的重要步骤。

控制方案的确定与上述传动形式的选择紧密相关。在选择传动形式时,要预先考虑到如何实现控制;而选择控制方案时,一定要在传动形式选择之后才能进行。

选择控制方案要遵循以下三条原则。

1)控制方式应与设备通用化和专用化的程度相适应

以金属切削机床为例,对于一般普通机床和专用机床,其工作程序往往是固定的,使用中并不需要经常改变原有的程序。因此,可采用继电器－接触器控制系统,将控制电路在结构上接成固定式的。

对于万能机床,为了适应不同工艺过程的需要,其工作程序往往需要在一定范围内加以更改,在这种情况下,宜采用可编程序控制器。

可编程序控制器在机械制造行业的应用已有很大发展,它是介于继电器－接触器控制系统的固定接线控制装置与电子计算机控制装置之间的一种新型通用控制器。应用可编程序控制器可以大大缩短机床、自动线、机械手的电气设计、安装和调试周期,并且可使工作程序易于变更。因此,采用可编程序控制器可使控制器系统具有较大的灵活性和较强的控制功能,故在设计时应尽量予以选用。

微处理机现已进入机床、自动线、机械手的控制领域,而且发展速度异常迅猛。微处理机在控制功能、灵活性、可靠性和体积小巧等方面已显示出了突出的优越性,因此应引起每个电气设计者的密切关注。

随着电子技术的发展,数字程序控制系统在机床上的应用越来越广泛,已经出现了数控机床。数控机床有较高的生产率、较短的生产周期、较高的加工精度,能够加工普通机床根本加工不了的复杂曲面零件,有着广泛的发展前景。

2)控制系统的工作方式应在经济、安全的前提下最大限度地满足工艺要求

作为控制方案,应考虑采用自动循环或半自动循环、手动调整、动作程序的变更、控制系统的检测,各个运动部件之间的联锁、各种保护、故障诊断、信号指示、照明以及操作方便等问题。

3)控制电路的电源

当控制系统所用电器的数量较多时,可采用直流低压供电。这样,可节省安装空间,便于

与无触点元件连接、动作平稳、检修操作安全等。在电气控制电路比较简单、电气元件不多的情况下,应尽可能用主回路电源作为控制回路电源,即可直接用交流 380 V 或 220 V,简化供电所用设备。对于比较复杂的控制电路,控制电路应采用控制电源变压器,将控制电压由交流 380 V 或 220 V 降至 110 V 或 48 V、24 V 等,这是从安全角度考虑的,普通机床照明电路为 36 V 以下电源。一般这些不同的电压等级,都是由一个控制变压器实现的。直流控制电路多用 220 V 或 110 V 电源。对于直流电磁铁、电磁离合器,常用 24 V 直流电源供电。

(二)电气控制电路设计

电气控制电路的设计是在前述的传动形式及控制方案选择的基础上进行的,其中电气原理图的设计是低压电气系统设计中的一个重要环节。

1. 电气控制电路设计遵循的原则

(1)应最大限度地满足生产机械的工艺要求。

(2)力求使控制电路安全、可靠、简单、经济。

(3)合理选择各种电气元件。

(4)便于操作和维修,符合人机关系。

2. 控制电路电源的选择及动力电路设计

1)控制电路电源的选择

控制电路电源可根据经验和有关手册进行选择。表 4.1 列出了机床控制电路中常用的电源电压。

表 4.1 机床控制电路中常用的电源电压

控制电路的类型		常用的电压值/V	电源设备
交流电力传动的控制系统,控制电路较简单	交流	380、220	直接采用动力电源
交流电力传动的控制系统,控制电路较复杂		220、110	采用控制变压器
照明及信号指示电路		48、36、24、6	采用电源变压器
直流电力传动的控制电路	直流	220、110	整流器
直流电磁铁及离合器的控制电路		24	整流器

2)动力电路的设计

对于三相笼型异步电动机,主要是根据工艺要求来选择动力电路电动机的启动、制动、正反转控制及动力电路的保护环节。设计时应主要注意以下问题。

(1)确定电动机是全压启动还是降压启动。对于小容量的电动机,当其容量不超过供电变压器容量的 20% 时,一般可采用直接启动,也可以根据经验公式进行判断。全压启动的条件为

$$\frac{I_{\text{st}}}{I_N} \leq \frac{3}{4} + \frac{S_{N.B}}{4P_N} \tag{4-1}$$

式中:I_{st}——电动机全压启动电流,A ;

I_N——电动机额定电流,A;

P_N——电动机额定功率，kW；

$S_{N.B}$——电源变压器额定容量，kVA。

（2）对于正、反转控制方式，应防止误操作而引起电源的相间短路，必须在控制电路中采取互锁保护的措施。

（3）必须注意动力电路中的熔断器保护、过载保护、过流保护及其他安全保护等元器件的选择与设置。

（4）动力电路与控制电路应保持严格的对应关系。

3. 控制电路的经验设计法

1）经验设计法的基本步骤

（1）收集分析国内外现有同类设备的相关资料，使所设计的控制系统合理，满足设计要求。

（2）控制电路设计。一般的低压电气系统控制电路设计包括主电路、控制电路和辅助电路等的设计。

①主电路设计　主要考虑从电源到执行元件（例如电动机）之间的电路设计。

②控制电路设计　主要考虑如何满足电动机的各种运动功能及生产工艺要求，包括实现加工过程自动化或半自动化的控制等，也就是完成正确地"选择"和有机地"组合"的任务。

③最后考虑如何完善整个控制电路的设计、各种保护、联锁以及信号、照明等辅助电路的设计。

（3）全面检查所设计的电路，有条件时，可以进行模拟试验，以进一步完善设计。

（4）合理选择各电气元件。

2）经验设计法的基本特点

（1）设计过程是逐步完善的，一般不易获得最佳的设计方案。但该方法简单易行，应用很广。

（2）需反复修改，这样会影响设计速度。

（3）需要一定的经验，设计中往往会因考虑不周而影响电路的可靠性。

（4）一般需要进行模拟试验。

3）提高经验设计法可靠性的注意事项

（1）应尽量避免许多电器依次动作才能接通另一个电器的现象。如图4.1(a)中继电器 K_1 得电动作后，K_2 才动作，而后 K_3 才能接通得电。因此 K_3 的动作要通过 K_1 和 K_2 两个继电器的动作才能实现；但图4.1(b)中 K_3 的动作只需 K_1 继电器动作，而且只需经过一对触点，工作可靠。

（2）设计电路时，应正确连接电器的线圈。

在设计控制电路时，电器线圈的一端应接在电源的同一端，如图4.2(a)所示，继电器、接触器以及其他电器的线圈一端统一接在电源的同一侧，使所有电器的触点在电源的另一侧。这样当某一电器的触点发生短路故障时，不至于引起电源短路，同时安装接线也方便。

交流电器线圈不能串联使用。两个交流电器的线圈串联使用，一个线圈最多得到1/2的电源电压，又由于吸合的中间不尽相同，只要有一个电器吸合动作，它的线圈上的电压降也就增大，从而使另一电器得不到所需要的动作电压，如图4.2(b)所示，KM_1 与 KM_2 串联就是错

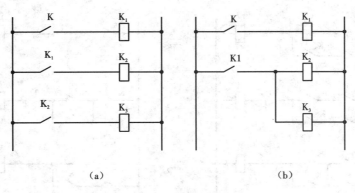

图 4.1　触点的合理使用
（a）不适应　（b）适当

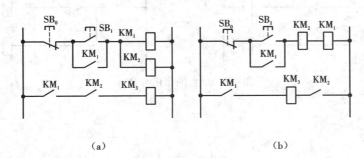

图 4.2　电器线圈的正确连接
（a）正确　（b）错误

误的。

在控制电路中应尽量减少电器触点数量。在控制电路中,应尽量减少触点,以提高电路的可靠性。在简化、合并触点过程中,主要着眼点应放在同类性质触点的合并上,或一个触点能完成的动作不用两个触点。在简化过程中应注意触点的额定电流是否允许,也应考虑对其他回路的影响。在图 4.3 中,列举了一些触点简化的例子。

在设计控制电路时,应尽量减少连接导线的数量与长度。如图 4.4（c）和图 4.4（d）是不适当的接线方法,而图 4.4（a）和图 4.4（b）是适当的接线方法。因为按钮在按钮站（或操作台）,电器在电器柜里,在图 4.4（a）中向按钮站的实际引线是三条,而图 4.4（c）中则是四条。至于图 4.4（b）和图 4.4（d）,考虑到 SB_1 与 SB_3 和 SB_2 与 SB_4 分别两地操作,则图 4.4（b）比图 4.4（d）少用了连接导线。

在设计控制电路时应考虑各种联锁关系以及电气系统具有的各种电气保护措施,例如过载、短路、欠压、零位、限位等保护措施。

在设计控制电路时也应考虑有关操纵、故障检查、检测仪表、信号指示、报警以及照明等要求。

4.控制电路的逻辑设计法

1）逻辑设计法的基本概念

逻辑设计法主要是根据生产工艺的要求（工作循环、液压系统图等）,将控制电路中的接

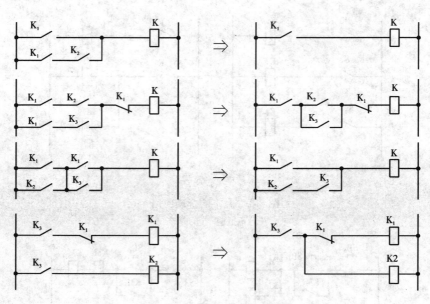

图 4-3　触点的简化与合并

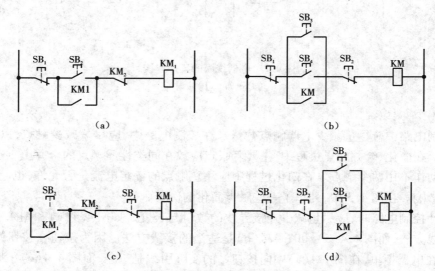

图 4-4　电器元件的合理接线

（a）适当　（b）适当　（c）不适当　（d）不适当

触器、继电器线圈的通电与断电,触点的闭合与断开以及主令元件的接通和断开等看成逻辑变量,并将这些逻辑变量关系表示为逻辑函数的关系式,再运用逻辑函数基本公式和运算规律,对逻辑函数式进行简化,然后根据简化的逻辑函数式画出相应的电路原理图,最后再进一步检查、化简和完善,以期获得既满足工艺要求,又经济合理的最佳设计方案。

2)逻辑设计法的一般步骤

(1)按工艺要求做出工作循环图。

(2)确定执行元件与检测元件,并做出执行元件节拍表和检测元件状态表。

（3）根据检测元件状态表写出各程序的特征数，并确定分组，设置中间记忆元件，使各分组所有程序能区分开。

（4）列写中间记忆元件开关逻辑函数及其执行元件动作逻辑函数表达式，并画出相应的电路图。

（5）对按逻辑函数表达式画出的控制电路进行检查、化简和完善。

逻辑设计法与经验设计法相比，采用逻辑设计法设计的电路较为合理，能节省所用元件的数量，且能获得某逻辑功能的最简电路，但逻辑设计法整个设计过程较复杂，对于一些复杂的控制要求，还必须设计许多新的条件，同时对电路竞争问题也较难处理。因此，在一般的电器控制电路设计中，逻辑设计法仅作为经验设计法的辅助和补充。

5. 电器布置图的绘制

1）电器布置的原则

（1）体积大和较重的电器应安装在控制板的下面。

（2）安装发热元件时，必须注意电柜内所有元件的温升应保持在它们的允许极限内，对散热量很大的元件，必须隔开安装，必要时可采用风冷措施。

（3）为提高电子设备的抗干扰能力，除采取接参考电位电路或公共连接等措施外，还必须把灵敏的元件分开屏蔽。

（4）元件的安排必须遵守规定的间隔和爬电距离，并考虑有关的维修条件，经常需要维护检修操作调整的电器，安装位置要适中。

（5）尽量把外形尺寸相同的电气元件安装在一起，以利于安装和补充加工，布置要适当、匀称、整齐、美观。

2）常用配线方式

（1）根据机床电器布置位置，绘制机床内部接线图。对于简单的电气系统，可直接画出两个元件之间的连线；对于复杂的电气系统，接线关系采用符号标准，不直接画出两元件之间的连线。

（2）分线盒进线和出线的接线关系要表示清楚，接线板的线号要排列清晰，这样便于查找及配线施工。常用的配线方式见表4.2所示。

表4.2　常用的配线方式

配线方式	使用场合	优点	缺点	所需人员
板前配线	用于电气系统比较简单、电气元件较少的情况，对控制板或配电盘进行配线	直观，便于查找电路；维护、检修方便	工艺较复杂；需要熟练的技术工人；走线占地面积大；导线用量大	只需一个配线工
板后交叉配线	用于电气系统比较复杂、电气元件较多的情况，控制板或配电盘进行配线	外观排列整齐美观；省导线，走线面积小；结构紧凑；施工方便；工艺性较好	需要增加穿线板结构；仅适于小批量生产	配线、查找需两人

配线方式	使用场合	优点	缺点	所需人员
行线槽配线	各种场合均适用	便于施工,走线查找、维护、检修方便;工艺性好,配线操作容易;可用软导线配线;适于大批量生产	增加行线槽结构;走线占地面积较大,导线用量较多	只需一个配线工

3)电气元件位置图的绘制

电气元件位置图上必须明确电气元件(如接线板、插接件、部件和组件等)的安装位置。其代号必须与有关电路图和清单上所用的代号一致,并注明有关接线安装的技术条件。电气元件位置图一般还应留出为改进设计所需要的空间及导线槽(管)的位置。

4)检查与试验

(1)各种需要的技术文件是否齐全,是否无差错。

(2)各种安全保障措施是否安全。

(3)控制电路能否满足机床操作的各种功能。

(4)各个电气元件安装是否正确和牢靠。

(5)按规定做绝缘试验、耐压试验、保护导线连续性试验、机床的空载例行试验及机床的负载形式试验。

(三)低压电器及电动机的选择

电气控制系统是由各电气元件组成的,一个大型的自动控制系统所需电气元件有几千甚至几万个。所以,如何正确选用好电气元件,对电气控制系统的设计是很重要的。

1.电气元件选择的基本原则

选择电气元件时应考虑以下几点。

(1)根据对控制元件功能的要求,确定电气元件类型。如继电器与接触器,当元件用于通断功率较大的主电路时,应选交流接触器;若元件用于切换功率较小的电路(如控制电路)时,则应选择中间继电器;若伴有延时要求时,则应选用时间继电器。

(2)根据电气控制的电压、电流及功率的大小来确定电气元件的规格,应满足电气元件的负载能力及使用寿命。

(3)掌握电气元件预期的工作环境及供应情况,如防油、防尘、货源等。

(4)为了保证一定的可靠性,采用相应的降额系数,并进行一些必要的计算和校核。

2.按钮、低压开关的选用

1)按钮

按钮通常是用来接通或断开小电流控制电路的开关。目前,按钮在结构上有多种形式:旋钮式——手动旋转进行操作;指示灯式——按钮内装入了信号指示灯;紧急式——装有蘑菇形旋帽,用于紧急操作等。一般来说,停止按钮颜色采用红色。按钮主要根据所需要的触点数、使用场合及颜色来选择。目前,在机床中常用的按钮为 LA 系列,见表4-3所示。

表 4-3 LA 系列按钮

型号	额定电压/V	额定电流/A	触点数		按钮数	按钮颜色	结构形式
			动合	动断			
LA2	500	5	1	1	1	黑、红、绿	开启式
LA－2K	500	5	2	2	2	黑、红、绿、红	开启式
LA4－2H			2	2	2	黑、红、绿、红	保护式
LA4－3H			3	3	3	黑、红、绿	保护式
LA8－1	500	5	2	2	1	黑或绿	开启式
LA10－1	500	5	1	1		黑、红或绿	开启式
LA2－A	500	5	1	1	1	红（蘑菇型）	
LA18－22	500	5	2	2	1	红、绿、黑或白	元件
LA18－44			4	4			
LA18－66			6	6			
LA18－22J	500	5	2	2	1	红	元件（紧急式）
LA18－44J			4	4			
LA18－66J			6	6			
LA18－22X2	500	5	2	2	1	黑	元件（旋钮式）
LA18－44X			4	4			
LA18－22X3			2	2			
LA18－66X			6	6			
LA18－22Y	500	5	2	2	1		元件（钥匙式）
LA18－66Y			6	6			
LA19－11	500	5	1	1	1	红、黄、蓝、白或绿；红（紧急式）	元件
LA19－11J			1	1			
LA19－11D			1	1			
LA19－11JD			1	1			

2）低压开关

低压开关主要包括如下几种。

（1）刀开关。刀开关主要用于接通或切断长期工作设备的电源。一般刀开关的额定电压不超过 500 V,额定电流为 10 A 到上千安多种等级。有些刀开关附有熔断器。不带熔断器式刀开关主要有 HD 型及 HS 型,带熔断器式刀开关有 HK、HR3 系列等。表 4.4 列出了 HR3 系列刀开关的主要技术参数。

表 4.4　HR3 系列刀开关的主要技术参数

型号	额定电压/V	额定电流/A	断电容量/A	极数	结构方式
HR3 – 100/31		100			
HR3 – 200/31		200			前操作
HR3 – 400/31		400			前检修
HR3 – 600/31		600			
HR3 – 100/32		100			
HR3 – 200/32		200			前操作
HR3 – 400/32		400			后检修
HR3 – 600/32		600			
HR3 – 100/33	交流 380	100		3	
HR3 – 200/33		200			前操作
HR3 – 400/33		400			前检修
HR3 – 600/33		600	25 000		
HR3 – 100/34		100			
HR3 – 200/34		200			前操作
HR3 – 400/34		400			前检修
HR3 – 600/34		600			
HR3 – 100/21		100			
HR3 – 200/21		200			前操作
HR3 – 300/21		300			前检修
HR3 – 400/21	直流 440	400		2	
HR3 – 100/22		100			
HR3 – 200/22		200			前操作
HR3 – 300/22		300			后检修
HR3 – 400/22		400			

　　刀开关主要根据电源种类、电压等级、电动机容量、所需极数及使用场所来选择。

　　(2)组合开关。组合开关主要是作为电源引入开关,所以也称电源隔离开关。它可以起停 5 kW 以下的异步电动机,但每小时的接通次数不宜超过 10 次,开关的额定电流一般取电动机额定电流的 1.5 ~ 2.5 倍。

　　组合开关主要根据电源种类、电压等级、所需触点数及电动机容量进行选用。常用的组合开关为 HZ 系列,额定电流有 10、25、60、100 A 四种,适用于交流电压 380 V 以下、直流电压 220 V 以下的电气设备中。表 4.5 列出了组合开关的主要技术参数。

表4.5 组合开关的主要技术参数

型号	额定电流/A	极数	DC220 V 最大分断电流/A	AC380 V 最大分断电流/A	外形尺寸(mm×mm×mm)
HZ2 – 10/3	10	3	10	6	63.6×67×89
HZ1 – 25/3	25	3	25	15	100×106×120.5
HZ2 – 60/3	60	3	60	33	100×106×150.5

（3）限位开关（行程开关）。限位开关是依据生产机械运动的行程位置而动作的小电流开关。它的选用主要根据机械位置对开关形式的要求,对触点数目、电压种类、电压与电流等级的要求来确定。机床常用的限位开关有 LX2 型、LX19 型、JLXK1 型、LXW 11 型和 JLXK – 111 型微动开关等。对于要求动作快、灵敏度高的行程控制,可采用接近开关。接近开关也称无触点限位开关,它是通过运动部件引起的电磁场变化而动作的。接近开关寿命长、可靠性好,但精度和价格不如限位开关。表4.6 列出了 JLXK1 系列限位开关的主要技术参数。

表4.6 JLXK1 系列限位开关的主要技术参数

型号	触头数量额定电压/V				额定电流 /A	操作频率 /(次/h)	通电率 /%	触头换接 /S	动作力 /N	动作行程/mm 或角度
	常开	常闭	交流	直流						
JLXK1 – 111									1	12°~15°
JLXK1 – 111M									1	12°~15°
JLXK1 – 211									1.5	12°~15°
JLXK1 – 211M									1.5	12°~15°
JLX1 – 311	1	1	380	220	5	1 200	40	0.04	2	1~3
JLXK1 – 311M									2	1~3
JLXK1 – 411									2	1~3
JLXK1 – 411M									2	1~3

（4）自动开关。自动开关又称自动空气断路器。自动开关在机床上应用得很广泛,这是因为自动开关既能接通或分断正常工作电流,也能自动分断过载或短路电流,分断能力强,有欠压和过载短路保护作用。

选择自动开关应考虑其主要的技术参数,如额定电压、额定电流和允许切断的极限电流等。自动开关脱扣器的额定电流应等于或大于负载允许的长期平均电流。自动开关的极限分断能力要大于或至少要等于电路最大短路电流。自动开关脱扣器电流应按下面的原则整定:欠电压脱扣器额定电压应等于主电路额定电压;热脱扣器的整定电流应与被控对象（负载）额定电流相等;电磁脱扣器的瞬时脱扣整定电流应大于负载正常工作时的尖峰电流;保护电动机时,电磁脱扣器的瞬时脱扣整定电流为电动机启动电流的1.7倍。

机床常用的自动开关有 DW 系列、DZ 系列等,表4.7 列出了其主要的技术参数。

表 4.7 DW、DZ 系列自动开关的主要技术参数

型号	脱扣器额定电流 I_H/A	电磁式脱扣器可调范围	保护特性 长延时动作可调范围	短延时动作可调范围	瞬时动作可调范围	极限通断能力 短延时	瞬时 有效值	峰值	寿命/次 机械寿命	电寿命
DW10-200	100~200						1 000		20 000	5 000
DW10-400	100~400						1 500			
DW10-600	500~600								10 000	2 500
DW10-1000	400~1 000	$(1{\sim}3)I_H$			$(1{\sim}3)I_H$		20 000			
DW10-1500	1 500									
DW10-2500	1 000~2 500						30 000		5 000	1 250
DW10-4000	2 000~4 000						40 000			
DZ10-100	15~100	$10I_H$	1.1I_H<2 H 不动 1.1I_H<1 H 动		$10I_H$		DC12 000 AC12 000		10 000	5 000
DZ10-250	100~250		1.1I_H<3 H 不动 1.45I_H<1 H 动				DC20 000 AC30 000		8 000	4 000
DZ10-600	200~600	$(3{\sim}10)\,I_H$			$(1{\sim}3)\,I_H$		DC25 000 AC50 000		7 000	2 000
DWX15-200	100~200				$10I_H$		50 000		10 000	
DWX15-400	200~400				$12I_H$		70 000			
DWX15-600	300~600	$(0.64{\sim}12)\,I_H$	1.2I_H<20 min 不动 1.5I_H<3 min 动						5 000	
DWX15-200	100~200			$(10{\sim}12)I_H$ $(8{\sim}20)I_H$		20 000			10 000	
DWX15-400	200~400		$(3{\sim}10)\,I_H$ 延时0.2 s		$20I_H$	25 000				
DWX15-600	300~600					30 000			5 000	
DWX15-1000	600~1 000			$(1{\sim}3)\,I_H$			40 000			
DWX15-1500	1 500		$(3{\sim}10)\,I_H$ 延时0.4 s	$(3{\sim}10)\,I_H$ $(10{\sim}20)I_H$	$20I_H$				5 000	2 500
DWX15-2500	1 500~2 500	$(0.7{\sim}10)\,I_H$	1.2I_H<20 min 不动 1.5I_H<3 min 动	$(1{\sim}3)\,I_H$			60 000			
DWX15-4000	2 800~400		$(3{\sim}6)\,I_H$ 延时0.4 s	$(3{\sim}10)\,I_H$ $(7{\sim}14)I_H$	$14I_H$		80 000		5 000	500

3. 熔断器的选用

熔断器对电气设备的电流起过载延时和短路瞬时保护作用。熔断器的种类很多,其结构也不同,主要有插入式、螺旋式、填料封闭管式等。低压电气系统电路中常用的是 RL1 系列,其技术参数列于表4.8中。

表 4-8 RL1 系列熔断器的技术参数

型号	熔断器额定电流/A	熔体额定电流等级/A	AC 380 V 时极限分断能力/A,有效值
RL1-15	15	2、4、5、6、10、15	2 000
RL1-60	60	20、25、30、35、40、50、60	5 000

型号	熔断器额定电流/A	熔体额定电流等级/A	AC 380 V 时极限分断能力/A,有效值
RL1 – 100	100	60、80、100	50 000
RL1 – 200	200	100、125、150、200	50 000

熔断器的主要元件是熔体(熔丝或熔片)。每一种电流等级的熔断器都可选配多种不同电流的熔体,如 RL1 – 100 型有 60、80、100 A 三种熔体电流等级。

选择熔断器,实际上主要是选择种类、额定电压、熔断器额定电流等级及熔体的额定电流。而熔体电流是选择熔断器的关键,熔体的选择又与负载性质有关。一般可按以下两种方法选用。

(1)负载较平稳,无尖峰电流,如照明、信号、电阻炉等,按额定电流来选用,即

$$I_R \geq I \qquad (4-2)$$

式中:I_R——熔体额定电流,A;

I——负载工作电流,A。

(2)负载有尖峰电流,如异步电动机,其启动电流为额定电流的 4～7 倍。这样就不能按其额定电流来选,应采用经验计算方法来选择。

对单台长期工作(不经常启动)的电动机,可用下式来选择,

$$I_R = (1.5 \sim 2.5)I_{ed} \text{ 或 } I_R = \frac{I_{st}}{2.5} \qquad (4-3)$$

式中:I_{ed}——电动机的额定电流,A;

I_{st}——异步电动机启动电流,A。

对于频繁启动的电动机,式(4-3)中的系数应增为 3～3.5。

对于多台电动机长期共用一个熔断器保护的情况,则用下式来选择,

$$I_R \geq (1.5 \sim 2.5)I_{emax} + \sum I_{ed} \qquad (4-4)$$

式中:I_{emax}——容量最大的电动机的额定电流,A;

$\sum I_{ed}$——除容量最大的电动机之外,其余电动机额定电流之和,A。

也可用下式选择,

$$I_R = \frac{I_{max}}{2.5} \qquad (4-5)$$

式中:I_{max}——可能出现的最大电流,A。

如果几台电动机不能同时启动,则 I_{max} 为容量最大的电动机的启动电流,加上其他各电动机的额定电流,即

$$I_R \geq \frac{I_{max}}{2.5} = \frac{7I_{emax} + \sum I_{ed}}{2.5} \qquad (4-6)$$

4.接触器的选用

接触器用于带有负载主电路的自动接通或切断功能,分交流和直流两类,机床中应用最多的是交流接触器。选择接触器主要考虑以下技术参数。

(1)电源种类:交流或直流。

（2）主触点额定电压、额定电流。

（3）辅助触点种类、数量及触点额定电流。

（4）电磁线圈的电源种类、频率和额定电压。

（5）额定操作频率（次/h），即允许的每小时接通的最多的次数。

主触点额定电流一般是根据电动机容量 P_d 来计算，即

$$I_c \geqslant \frac{P_d \times 10^3}{KU_d} \tag{4-7}$$

式中：K——经验常数，一般取 $1 \sim 1.4$；

    P_d——电动机功率，kW；

    U_d——电动机额定线电压，V；

    I_c——接触器主触点额定电流，A。

机床常用的是 CJ10 系列交流接触器，它的基本技术参数见表 4.9。

表 4-9　CJ 系列交流接触器的基本技术参数

型号	额定电流/A		额定操作频率/（次/h）	可控电动机最大容量/kW		
	主触点	辅助触点		220 V	380 V	500 V
CJ10 – 5	5	5	600	1.2	2.2	2.2
CJ10 – 10	10	5	600	2.2	4	4
CJ10 – 20	20	5	600	5.5	10	10
CJ10 – 40	40	5	600	11	20	20
CJ10 – 60	60	5	600	17	30	30
CJ10 – 100	100	5	600	30	50	50
CJ10 – 150	150	5	600	43	75	75

5. 继电器的选用

1）热继电器的选用

热继电器用于电动机的过载保护。热继电器的选择主要是根据电动机的额定电流来确定其型号与规格。热继电器元件的额定电流 I_{RT} 应接近或略大于电动机的额定电流 I_{ed}，即

$$I_{RT} = (0.95 \sim 1.05)I_{ed} \tag{4-8}$$

在一般情况下，可选用两相结构的热继电器，对在电网电压严重不平衡、工作环境恶劣条件下工作的电动机，可选用三相结构的热继电器；对于三角形接线的电动机，为了实现断相保护，则可选用带断相保护装置的热继电器。

如遇到下列情况，选择的热继电器的整定电流要比电动机额定电流高一些，以便进行保护。

（1）电动机负载惯性转矩非常大，启动时间长。

（2）电动机所带动的设备，不允许任意停电。

（3）电动机拖动的为冲击性负载，如冲床、剪床等设备。

常用的热继电器有 JR1、JR2、JR0、JR16 等系列。JR16B 系列双金属片式热继电器电流整

定范围广,并有温度补偿装置,适用于长期工作或间歇工作的交流电动机的过载保护,而且具有断相运转保护装置。JR16B 系列是由 JR0 改进而来的。该系列产品用来代替 JR0 的三极和带断相保护的热继电器。JR16B 系列热继电器的基本技术参数见表 4.10。

表 4.10 JR16B 系列热继电器的基本技术参数

型号	额定电流/A	热元件等级	
		热元件额定电流/A	刻度电流调节范围/A
JR16B – 20/3 JR16B – 20/3D	20	0.35	0.25 ~ 0.35
		0.5	0.32 ~ 0.50
		0.72	0.45 ~ 0.72
		1.1	0.68 ~ 1.1
		1.6	1.0 ~ 1.6
		2.4	1.5 ~ 2.4
		3.5	2.2 ~ 3.5
		5	3.2 ~ 5
		7.2	4.5 ~ 7.2
		11	6.8 ~ 11
		16	10 ~ 16
		22	14 ~ 22
JR16B – 60/3 JR16B – 60/3D	60	22	14 ~ 22
		32	20 ~ 32
		45	28 ~ 45
		63	40 ~ 63
JR16B – 150/3 JR16B – 150/3D	150	63	40 ~ 63
		85	53 ~ 85
		120	75 ~ 120
		160	100 ~ 160

2)中间继电器的选用

中间继电器在电路中主要起信号传递与转换作用,用它可实现多路控制,并可将小功率的控制信号转换为大容量的触点动作,以驱动电气执行元件工作。中间继电器触点多,可以扩充其他电器的控制作用。选用中间继电器的主要依据是控制电路的电压等级,同时还要考虑触点的数量、种类及容量应满足控制电路的要求。

机床上常用的中间继电器有 JZ7 系列和 JZ8 系列两种。JZ8 系列为交直流两用的继电器。它们的基本技术参数见表 4.11。

表 4.11   JZ7 和 JZ8 系列中间继电器的基本技术参数

型号	线圈参数			触点参数			动作时间 /s	操作频率 /(次/h)
	额定电压/V AC	消耗功率	触点数	最大断开容量				
					感性负载	阻性负载		
JZ7 – 44	12、24、36、48、110、127、220、380、420、440、500	12VA	4 开 4 闭	cos φ = 0.4 L/R = 5ms AC,380 V,5 A AC,500 V,3.5 A DC,220 V,0.5 A		AC,380 V,5 A AC,500 V,3.5 A DC,220 V,1 A	1 200	
JZ7 – 62			6 开 2 闭					
JZ7 – 80			8 开					
JZ8 – □□ ᴶᶻ/□	110、127、220、380	交流 10VA 直流 7.5 W	6 开 2 闭 4 开 4 闭 2 开 6 闭				0.05	2 000
JZ8 – □□ ᴶᶻS/□								
JZ8 – □□ ᴶᶻD/□								

注:□□可代 26,44 和 62。

3)时间继电器的选用

时间继电器是机床控制电路中常用电器之一。它的类型有电磁式、空气阻尼式、电动式及电子式等。应用较多的是空气阻尼式时间继电器,它的特点是工作可靠,结构简单,延时整定范围较宽(可达 0.4 ~ 180 s)。其型号有 JS7 – A 和 JS 16 系列。JS7 – A 系列时间继电器的技术参数见表 4.12。

时间继电器的选择主要考虑控制电路所需要的延时触点的延时方式、延时范围及瞬时触点的数目,同时也要注意线圈电压等级能否满足控制电路的要求。

表 4.12   JS7 – A 系列时间继电器的技术参数

型号	触点容器		延时触点数目				不延时触点数目		线圈电压/V AC,50H2	延时整定范围 /s	操作频率 /(次/h)
			线圈通电后延时		线圈断电时延时						
	电压/V	额定电流/A	动合	动断	动合	动断	动合	动断			
JS – 1 A	380	5	1	1					36、110、127、220、380、420	0.4 ~ 60	
JS – 2 A	380	5	1	1			1	1		0.4 ~ 180	600
JS – 3 A	380	5			1	1			(误差为 – 10% ~ + 10%)		
JS – 4 A	380	5			1	1	1	1			

6. 控制变压器的选择

当机床的控制电器较多,电路又比较复杂时,最好采用经变压器降压的控制电源,以提高工作的可靠性。

控制变压器的容量,可根据以下两个条件选择。

（1）根据控制电路在最大工作负载时所需要的功率进行选择，以保证变压器在长期工作时不至于超过允许温升。

$$P_b \geqslant K_b \sum P_{xc} \tag{4-9}$$

式中：P_b——变压器所需的容量，VA；

$\sum P_{xc}$——控制电路在最大负载时的电器所需要的功率，VA，对于交流电器，P_{xc}应取该电器的吸持功率；

K_b——变压器的储备系数，一般取 1.1～1.25。

（2）变压器的容量应能保证部分已吸合的电器在启动其他电器时，仍能可靠地保持吸合，同时又能保证将要启动的电器也能启动吸合。此时 P_b 按下式计算：

$$P_b \geqslant 0.6 \sum P_{xc} + 1.5 \sum P_{st} \tag{4-10}$$

式中：$\sum P_{st}$——所有同时启动的电磁铁在启动时所需要的总功率，VA。

式（4-10）中的 $\sum P_{xc}$ 应当按启动时已经吸合的电器进行计算。

变压器所需容量，应由以式（4-9）、式（4-10）中所算出的最大容量决定。

7. 电动机的选择

正确选择电动机具有重要意义。合理地选择电动机是指从驱动的具体对象、加工规范，也就是要从使用条件出发，即从经济、合理、安全等多方面考虑，使电动机能够安全可靠地运行。

1）机床用电动机容量的选择

根据机床的负载功率（例如切削功率）就可选择电动机的容量。然而机床的负载是经常变化的，而每个负载的工作时间也不尽相同，这就产生了使电动机功率如何最经济地满足机床负载功率的问题。机床电力拖动系统一般分为主拖动及进给拖动。

（1）机床主拖动电动机容量选择。多数机床负载情况比较复杂，切削用量变化很大，尤其是通用机床负载种类更多，不易准确地确定其负载情况。因此通常采用调查统计类比或采用分析与计算相结合的方法来确定电动机的功率。

（2）机床进给运动电动机容量选择。机床进给运动的功率也是由有效功率和功率损失两部分组成的。一般进给运动的有效功率都是比较小的，如通用车床进给有效功率仅为主运动功率的 0.001 5～0.002 5，铣床为 0.015～0.002 5，但由于进给机构传动效率很低，实际需要的进给功率，车床、钻床的有效功率为主运动功率的 0.03～0.05，而铣床则为 0.2～0.25。一般地，机床进给运动传动效率为 0.15～0.2，甚至还低。

当主运动和进给运动采用同一电动机时，车床和钻床只计算主运动电动机功率即可。对主运动和进给运动没有严格内在联系的机床，如铣床，为了使用方便和减少电能的消耗，进给运动一般采用单独电动机传动，该电动机除传动进给外还传动工作台的快速移动。由于快速移动所需的功率比进给运动大得多，因此电动机功率常常是由快速移动的需要而决定的。

2）电动机转速和结构形式的选择

电动机功率的确定是选择电动机的关键，但也要对转速、使用电压等级及结构形式等项目进行选择。

异步电动机由于结构简单、坚固、维修方便、造价低廉，因此在机床中使用最为广泛。电动机的转速越低则体积越大，价格也越高，功率因数和效率也就越低，因此电动机的转速要根据机械的要求和传动装置的具体情况加以选定。异步电动机的同步转速有 3 000、1 500、1 000、750、600 r/min 等几种,这是由电动机磁极对数的不同决定的。电动机转子转速由于存在着转差率,一般比同步转速低 2% ~5% 。一般情况下,可选用同步转速为 1 500 r/min 的电动机,因为这个转速下的电动机适应性较强,而功率因数和效率也较高。若电动机的转速与该机械的转速不一致,可选取转速稍高的电动机通过机械变速装置使其一致。

异步电动机的电压等级为 380 V。当要求宽范围而平滑的无级调速时,可采用交流变频调速或直流调速。

一般来说,金属切削机床都采用通用系列的普通电动机。电动机的结构形式按其安装位置的不同可分为卧式(轴为水平)、立式(轴为垂直)等。为了使拖动系统更加紧凑,电动机应尽可能地靠近机床的相应工作部位。如立铣、龙门铣、立式钻床等机床的主轴都是垂直于机床工作台的,这时选用垂直安装的立式电动机,就不需要锥齿轮等机构来改变转动轴线的方向。又如装入式电动机,电动机的机座是床身的一部分,它安装在床身的内部。

在选择电动机时,也应考虑机床的转动条件。对易产生悬浮物的铁屑或废料,或冷却液、工业用水等有损于绝缘的介质能侵入电动机的场合,选用封闭式结构较为适宜。煤油冷却切削刀具的机床或加工易燃合金材料的机床应选用防爆式电动机。按低压电气系统设备通用技术条件的规定,机床应采用全封闭扇冷式电动机。机床上推荐使用防护等级段低的 IP44 交流电动机。在某些场合下,还必须强迫通风。

Y 系列三相异步电动机是机床上常用的三相异步电动机。

Y 系列电动机是全封闭自扇冷式笼型三相异步电动机,是全国统一设计的新的基本系列,是我国取代 JO2 系列的更新换代产品,安装尺寸和功率等级完全符合 IEC 标准和 DIN42673 标准。本系列采用 B 级绝缘,外壳防护等级为 IP44,冷却方式为 IC0. 141 。

YD 系列三相异步电动机的功率等级和安装尺寸与国外同类型先进产品相当,因而具有互换性,便于机床配套出口。

四、项目完成方案

以 CW6163 型卧式车床的电气控制电路设计过程为例,介绍低压电气系统控制电路的设计方法。

1. 机床传动的特点及控制要求

(1)机床主运动和进给运动由电动机 M1 集中传动,主轴运动的正、反向(满足螺纹加工要求)是通过两组摩擦片离合器完成的。

(2)主轴制动采用液压制动器。

(3)刀架快速移动由单独的快速电动机 M3 拖动。

(4)冷却泵由电动机 M2 拖动。

(5)进给运动的纵向左右运动、横向前后运动以及快速移动都集中由一个手柄操纵。

电动机型号和参数如表 4.13 所示。

表 4.13　电动机型号选择

电动机名称	型号	额定功率/kW	额定电压/V	额定电流/A	额定转速/min
主电动机 M_1	Y160M – 4	11	380	23.0	1 460
冷却泵电动机 M_2	JCB – 22	0.125	380	0.43	2 790
快速移动电动机 M_3	JO2 – 21 – 4	1.1	380	2.67	1 410

2. 电气控制电路设计

(1)主回路设计。根据电气传动的要求,由接触器 KM_1、KM_2、KM_3 分别控制电动机 M_1、M_2 及 M_3,如图 4.5 所示。

机床的三相电源由电源引入开关 Q 引入。主电动机 M_1 的过载保护由热继电器 FR_1 实现,它的短路保护可由机床的前一级配电箱中的熔断器充任。冷却泵电动机 M_2 的过载保护由热继电器 FR_2 实现。快速移动电动机 M_3 由于是短时工作,不设过载保护。电动机 M_2、M_3 设有短路保护熔断器 FU_1。

(2)控制电路设计。考虑到操作方便,主电动机 M_1 可在操作板上和刀架上分别设启动和停止按钮 SB_1、SB_2、SB_3 和 SB_4 进行操纵,如图 4.5 所示。接触器 KM_1 与控制按钮组成自锁的起停控制电路。

冷却泵电动机 M_2 由 SB_5,SB_6 进行起停操作,装在操作板上。

快速电动机 M_3 工作时间短,为了操作灵活,由按钮 SB_7 与接触器 KM_3 组成点动控制电路,如图 4.5 所示。

(3)信号指示与照明电路。可设电源指示灯 HL_2(绿色),在电源开关 Q 接通后,立即发光显示,表示低压电气系统电路已处于供电状态;设指示灯 HL_1(红色)表示主电动机运行。这两个指示灯可由接触器 KM_1 的动合和动断两对辅助触点进行切换通电显示,如图 4.5 所示。在操作板上设有交流电流表 A,它串联在电动机主回路中,用以指示机床的工作电流。这样可根据电动机工作情况调整切削用量使主电动机尽量满载运行,提高生产率,并能提高电动机功率因数。设照明灯 HL 为安全照明(36 V 安全电压)。

(4)控制电路电源。考虑安全可靠及满足照明指示灯的要求,控制电路电压为 127 V,照明电压为 36 V,指示灯电压为 6.3 V。

(5)绘制电气原理图。根据各局部电路之间的相互关系和电气保护电路,完成电气原理图,如图 4-5 所示。

3. 选择电气元件

(1)电源引入开关 Q。Q 主要作为电源隔离开关用,并不用它来直接起停电动机,可按电动机额定电流来选。中小型机床常用组合开关选用 HZ10 – 25/3 型,额定电流为 25 A,为三极组合开关。

(2)热继电器 FR_1 和 FR_2。主电动机 M_1 额定电流为 23.0 A,FR_1 应选用 JR0 – 40 型热继电器,热元件电流为 25 A,整定电流调节范围为 16 ~ 25 A,工作时将额定电流调整为 23.0 A。同理,FR_2 应选用 JR10 – 10 型热继电器,选用 1 号元件,整定电流调节范围是 0.40 ~ 0.64 A,整定在 0.43 A 。

(3)熔断器 FU_1、FU_2 和 FU_3。FU_1 是对 M_2、M_3 两台电动机进行保护的熔断器,其熔体电

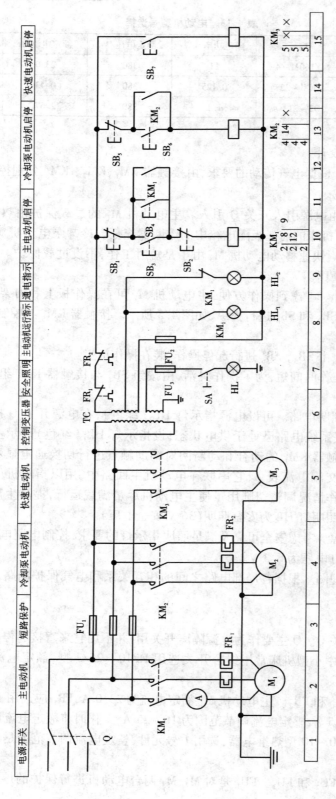

图 4.5 CW6163 型卧式车床电气原理图

流为 $I_R \geq \dfrac{2.67 \times 7 + 0.43}{2.5} = 7.6$ A，可选用 RL 1 – 15 型熔断器，配 10 A 的熔体。

FU_2、FU_3 选用 RL 1 – 15 型熔断器，配 2 A 的熔体。

（4）接触器 KM_1、KM_2、KM_3。接触器 KM_1，根据主电动机 M_1 的额定电流 $I_e = 23.0$ A，控制回路电源为 127 V，需主触点三对，动合辅助触点两对，动断辅助触点一对等情况，选用 CJ10 –40 型接触器，电磁线圈电压为 127 V。

由于 M_2、M_3 电动机额定电流很小，KM_2、KM_3 可选用 JZ7 – 44 型交流中间继电器，其线圈电压为 127 V，触点电流为 5 A，可完全满足要求，对小容量的电动机常用中间继电器充任接触器。

（5）控制变压器 TC。变压器最大负载时 KM_1、KM_2 及 KM_3 同时工作，根据式（4-9）和表 4.13 得

$$P_b \geq K_b \sum P_{xc} = 1.2 \times (12 \times 2 + 3.3) \text{ VA} = 32.76 \text{ VA}$$

由式（4-10）得

$$P_b \geq 0.6 \sum P_{xc} + 1.5 \sum P_{sT} = 0.6 \times (12 \times 2 + 3.3) + 1.5 \times 12 \text{VA} = 34.38 \text{ VA}$$

可知变压器容量应大于 32.76 VA。考虑到照明灯等其他电器容量，可选用 BK – 100 型变压器，电压等级为 380 V/127 – 36 – 6.3 V，可满足辅助回路的各种电压需要。

4. 制订电气元件明细表

电气元件明细表要注明各元器件的型号、规格及数量等，见表 4.13 所示。

表 4.14　CW6163 型卧式车床电器元件表

符号	名称	型号	规格	数量
M_1	异步电动机	Y160M – 4	11 kW　380 V　1 460 r/min	1
M_2	冷却泵电动机	JCB – 22	0.25 kW　380 V　2 790 r/min	1
M_3	异步电动机	JO2 – 21 – 4	1.1 kW　380 V　1 410 r/min	1
Q	组合开关	HZ10 – 25/13	三级　500 V　25 A	1
KM_1	交流接触器	CJ10 – 40	40 A 线圈电压　127 V	1
KM_2、KM_3	交流中间继电器	JZ7 – 44	5 A 线圈电压　127 V	2
FR_1	热继电器	JRO – 40	额定电流25 A　整定电流19.9 A	1
FR_2	热继电器	JR10 – 10	热元件1 号　整定电流0.43 A	1
FU_1	熔断器	RL1 – 15	500 V　熔体10 A	3
FU_2、FU_3	熔断器	RL1 – 15	500 V　熔体2 A	2
TC	控制变压器	BK – 100	100 VA　380 V/127 – 36 – 6.3 V	1
SB_3、SB_4、SB_6	控制按钮	LA10	黑色	3
SB_3、SB_4、SB_6	控制按钮	LA10	红色	3
SB_7	控制按钮	LA9		1
HL_1、HL_2	指示信号灯	2SD – 0	6.3 V　绿色1　红色1	2
A	交流电流表	62T2	0~50 A　直接接入	1

5. 绘制电气接线图

机床的电气接线图是根据电气原理图及各电气设备安装的布置图来绘制的。安装电气设备或检查电路故障都要依据电气接线图。电气接线图要表示出各电气元件的相对位置及各元件的相互接线关系,因此要求电气接线图中各电气元件的相对位置与实际安装的位置一致,并且同一个电气的所有元件应画在一起,还要求各电气元件的文字符号与原理图一致。对各部分电路之间接线和对外部接线都应通过端子板进行,而且应该注明外部接线的去向。为了看图方便,对导线走向一致的多根导线合并画成单线,可在元件的接线端标明接线的编号和去向。

接线图还应标明接线用导线的种类和规格,以及穿管的管子型号、规格尺寸。成束的接线应说明接线根数及其接线号。CW6163 型卧式车床电气接线如图 4.6 所示。

五、项目小结

通过该任务的学习,掌握低压电气控制系统设计的方法和原则,学会设计 CW6163 型卧式车床的电气控制电路。

六、巩固与提高

(1)低压电气系统设计应包括哪些内容?

(2)简化图 4.7 中各电路。

(3)空气阻尼式时间继电器有哪些类型的延时触点? 应如何选择?

(4)一台车床的主电动机用接触器实现启动控制,电动机的额定功率为 7.5 kW,额定电压为 380 V,额定电流为 14.9 A。试选择控制用交流接触器、短路保护用熔断器、过载保护用热继电器和电源开关。

(5)起重机械设备电动机的过载保护用什么低压电器来实现? 可不可以用热继电器?

(6)电动机的选择包括哪些内容?

(7)选择电动机的容量主要考虑哪些因素?

(8)电动机有哪几种工作方式? 当电动机的实际工作方式与铭牌上标注的工作方式不一致时,应注意哪些问题?

(9)一台室外使用的电动机,在春、夏、秋、冬四季其实际允许使用的容量是否相同? 为什么?

(10)设计 MQ8260 A 型曲轴磨床的电气控制电路图。磨床电气传动总体方案如下:

①砂轮由电动机 M_1 传动,单向旋转磨削;

②冷却泵电动机 M_2 的启动、停止与砂轮同步,即砂轮电动机启动,冷却泵电动机停止;砂轮电动机停止,冷却泵电动机启动;

③头架卡盘由电动机 M_3 单向传动运转,并可点动调整;

④首先启动液压泵电动机 M_4,液压泵工作后,其余各电动机方可启动,液压泵润滑于机床工作始终;

⑤工作台由电动机 SM 传动,拖动台面在限定行程内左右移动;

⑥任何一台电动机过载发热,整个控制回路断电,所有电动机全部停转。

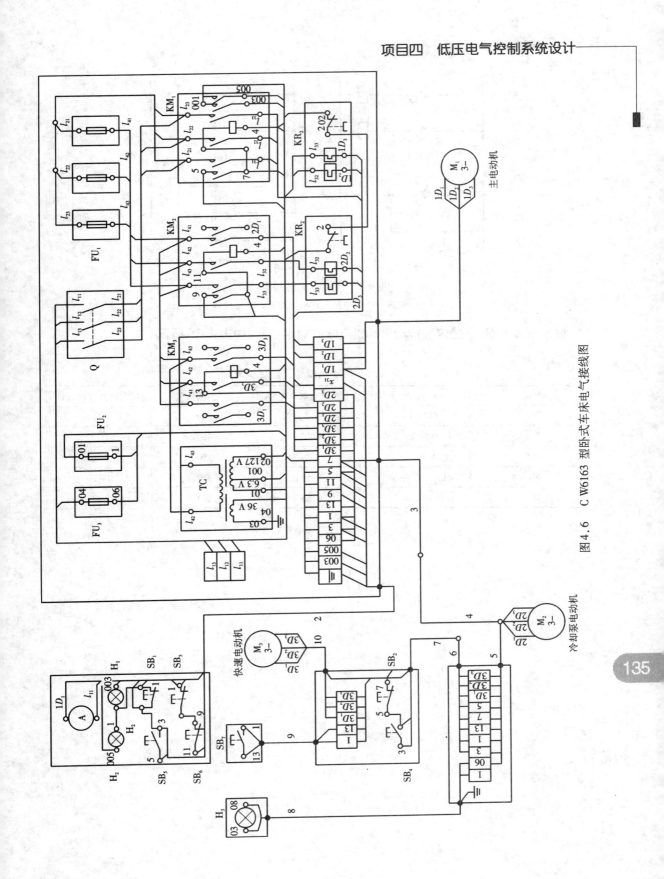

图 4.6　CW6163 型卧式车床电气接线图

135

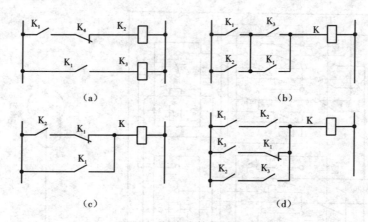

图 4-7　触点未简化的电路

(a)电路一;(b)电路二;(c)电路三;(d)电路四

根据总体方案,已确定各传动电动机型号和额定参数,如表 4.15 所示。

表 4.15　电动机型号及额定参数

名称	电动机型号	额定功率/kW	额定电压/V	额定转速/(r/min)
M_1	Y132M – 4	7.5	380	1 440
M_2	DB – 25 A	0.12	380	3 000
M_3	Y90L – 6	1.1	380	910
M_4	A02 – 8014/B14	0.55	380	1 400
M_5	A02 – 8014/B14	0.55	380	1 400

项目五　B2012 A 龙门刨床大修工艺编制

一、项目目标

学习了本项目后,你将会对电气设备大修施工方案有所了解;知道 B2012 A 龙门刨床大修方案的制订过程。进而能够在实际工作中对相关的电气设备制订其大修方案,并能推及之对整个车间或生产线停车期间电气设备检修方案的制订。

二、项目描述

电气设备大修施工方案包括工作任务、设备有关技术参数、组织措施、安全措施、技术措施及现场施工考核办法等。以 B2012 A 龙门刨床大修工艺编制为例,介绍电气设备大修方案的制订过程。

B2012 A 龙门刨床目前的状态:控制电路混乱;接触器、继电器触头电弧烧毁严重;导线绝缘老化;编号不清;发电机、直流电动机、扩大机整流子、电刷磨损等,此外,部分电气元件型号落后,市场上已被淘汰。基于以上情况,确定该龙门刨床需要大修。

三、项目完成方案

(一)确定设备修理项目

1. 填写机床大修前的情况记录表

表 5.1 所示为刨床大修前的情况记录表,该表经动力科现场复查,动力部门填写补充后,即可作为大修申请表。

表 5.1　设备情况大修申请表

设备编号		设备名称	龙门刨床	型号	B2012 A
制造单位		复杂系数			

主要状态:

1. 上次大修至今已经 6 年,超过大修周期。

2. 自 1988 年购买,至今使用已过 20 年,电控装置陈旧、落后。

3. 控制电路混乱,电路编号模糊、脱落,电线老化。

4. 电刷炭化严重,故障频发。

5. 机械加工精度差。

6. 机床外壳油漆变色脱落。

需改装或补充条件:

1. 建议机械与电气装置结合大修;

2. 电控装置、电气元件型号陈旧,技术落后,要求全面更新。

137

申请部门:

生产组长: 机械员: 主管:

年 月 日

动力科补充病态:

1. 电气控制系统采用老式转控机控制,工作台正、反向过渡过程缓慢,性能差,损耗大,效率低。

2. 机床管线老化。

3. 直流电动机、发电机、放大机电刷磨损严重。

鉴定结论:

电气设备应更新大修,部分电气设备需进行更新。机械进行大修,修复精度,更换磨损件并配合电气更新。

技术组	动力组	设备组	工艺组	修理工段	科长

2. 根据机床状态填写大修项目分析表

表 5.2 所示为大修项目分析表。

表 5.2 大修项目分析表

设备编号			设备名称	龙门刨床	型号	B2012 A
制造单位			复杂系数			
序号	项目	大修前情况	大修方案 1	大修方案 2	估计费用	工时定额
1	配电箱	电器陈旧、电线老化	更新	更新		
2	配电管线	电线老化	更新	更新		
3	拖动方式 P	J-F-D	大修	改 SCR-D		
4	电磁离合器	非标准件	换标准件	换标准件		
5	发电机组	运转不正常	大修	大修		
6	直流电机	运转不正常	大修	大修		
7	电气元件	电流继电器损坏、行程开关控制不利	改换新型号 改接近开关	改换新型号 改接近开关		
8	导线接头	腐蚀严重	换冷压接头	换冷压接头		
9	床身导轨	精度差	精刨导轨	精刨导轨 静压导轨		
10	横梁运行	制动不良	大修	大修		
11	机械调试		全过程	全过程		
12	电气调试		全过程	全过程		
					合计	

3. 制订大修方案

表 5.3 为设备大修方案表。

表 5.3　设备大修方案表

设备编号			设备名称	龙门刨床	型号	B2012 A
制造单位			复杂系数			
序号	项目	大修方案		估计费用	工时定额	备注
1	配电箱	更新				
2	配电管线	更新				
3	拖动方式 P	改 SCR-D				
4	电磁离合器	换标准件				
5	发电机组	大修				
6	直流电机	大修				
7	电气元件	电流继电器改换新型号 行程开关改换接近开关				
8	导线接头	换冷压接头				
9	床身导轨	精刨导轨 静压导轨				
10	横梁运行	大修				
11	机电调试	全过程				
				合计	合计	

批准人：

（二）技术、计划准备

本项应明确大修工作技术和质量责任制,明确施工技术和质量把关、监督、验收、考核办法,针对施工中可能出现的技术难题列出具体的施工技术方案,针对施工中的关键工序列出具体的质量监督办法,收集和整理与大修工作有关的各种技术资料,对大修、实验报告提出质量要求,填制下列三项内容：① 施工质量控制卡（表 5.4）;② 施工技术资料管理目录（表 5.5）;③ 施工用材登记表。

表 5.4　施工质量控制卡

序号	大修工艺	质量标准	质量评价	操作人	大修起止日期	存在问题

大修部件：　　　　　　　　　　质检员：　　　　　　　　　　检修负责人：

表 5.5 施工技术资料管理目录

序号	资料名称	单位	数量	资料来源	借/收	经办人	日期	备注

根据情况,绘制图纸,编写电器缺损明细表,如表 5.6 所示。

表 5.6 电器缺损明细表

类别	序号	图号备注	电器名称	数量	制造方法				备注
					修理	新制	外购	库存	
			配电箱		√				
			电磁离合器				√		
			接近开关					√	
			电流继电器				√		
			交流接触器					√	
			继电器				√		
			按钮					√	
			冷压接头				√		

主修技术人员:　　　　　　　　　　　　　　　　　　　　　备件技术员:

(三)组织措施(维修施工安排)

本项应明确大修现场的主要组织结构和有关负责人员,包括工程项目负责人、施工总负责人、技术负责人、安全负责人以及各专业工作负责人等;应该明确大修现场应采取的各项安全措施,并明确现场安全责任制;根据各项修理内容和本企业的修理工时定额,即可确定各分块工作的劳动工时定额,以便配备劳动力。

(四)调试试车和完工验收

调试试车和完工验收后,填写验收单,如表 5.7 所示。最后填写修后小结,如表 5.8 所示。

表 5.7 电气设备大修质量验收单

设备编号		设备名称	龙门刨床	型号	B2012 A
制造单位		复杂系数			

电气图纸号:　　　　　　　　　　　　　　　　　　　　　　　图册编号:

序号	检查项目		检查员意见
1	图纸与实物是否相符		

续表

2	工作台调速性能	
3	工作台正反转过渡性能	
4	行程控制性能	

其他更换记录：

结论：

车间验收：　　　　　　　　　负责技术员：　　　　　　　　　检验员：

　　　　　　　　　　　　　　　　　　　　　　　　　　年　　月　　日

表 5.8　电气设备修后小结

B2012 A 龙门刨床,随机车大修于×年×月,电气部分全面恢复,并经过调试、性能测试和两个月的使用,运行情况良好。

修理内容：

修理内容及要求 1～10 项,全面进行整修,全部达到修理要求。

性能测试情况：

1. 工作台调速 0～90 m/min(0～220 V)正、反向,平滑稳定;

2. 工作台正反行程控制、制动、正反转过渡过程迅速稳定;

3. 工作台无爬行,最高速反向制动无越位。

主修工人：　　　　　　　　　　　　　　　　　　　主修技术员：

四、项目小结

　　实际生产实践中,为了保证机床电气设备长期处于良好的运行状态,提高生产效率,对机床等电气设备进行有计划的维修保养是必不可少的;当电气设备使用到一定年限后,电路老化、精度降低、故障频发,需要对机床进行定期大修。本任务介绍龙门刨床大修施工方案及大修工艺的编制,怎样编制龙门刨床电气设备大修工艺卡及所采取的措施,为今后在工作实践中遇到类似问题起到参考、指导作用。

五、巩固与提高

　　(1)电气设备大修施工方案包括哪些方面?

　　(2)机床电气设备大修方案的制订步骤是什么?

　　(3)机床电气设备大修方案的执行步骤是什么?

　　(4)编制龙门刨床大修工艺卡的意义是什么?

附　录

附录A　电气控制电路装调评分标准表

表A　电气控制电路装调评分标准表

项目内容	配分	评分标准	扣分
电动机、电气元件检查	10	电动机质量未检出扣5分	
		电气元件质量未检出扣2分	
安装元件	10	不按图安装扣20分	
		元件安装不牢固,每处扣5分	
		元件安装不整齐、不匀称、不合理,每处扣4分	
		损坏元件扣20分	
接线工艺	30	不按原理图接线扣20分	
		错、漏、多接线一处扣5分	
		按钮引出线多一根扣5分	
		按钮开关颜色错误扣5分	
		接点不符合要求,每个点扣2分	
		损伤导线绝缘或线芯,每处扣4分	
		导线使用错误,每根扣3分	
		配线不美观、不整齐、不合理,每处扣2分	
通电试车	20	通电之前未用电阻法等进行检查扣10分	
		第一次通电试车不成功扣10分	
		第二次不成功扣20分	
安全、文明生产	10	违反安全、文明生产扣5~10分	
工时	10	按照规定时间,每超过1工时扣5分	
报告及总结	10	酌情评分	
备注	各项内容的最高扣分不得超过配分数		成绩
开始时间		结束时间	实际时间

附录 B　电气符号表

表 B1　电气技术中常用基本文字符号

基本文字符号		项目种类	设备装置、元器件举例	基本文字符号		项目种类	设备、装置元器件举例
单字母	双字母			单字母	双字母		
A	AT	组件部分	抽屉柜	Q	QF QM QS	开关器件	断路器 电动机保护开关隔离开关
B	BP BQ BT BV	非电量到电量变换器或电量到非电量变换器	压力变换器 位置变换器 温度变换器 速度变换器	R	RP RV RT	电阻器	电位器 压敏电阻器 热敏电阻器
F	FU FV	保护器件	熔断器 限压保护器件	S	SA SB SP SQ ST	控制、记忆、信号电路的开关器件选择器	控制开关 按钮开关 压力传感器 位置传感器 温度传感器
H	HA HL	信号器件	声响指示器指示灯				
K	KA KM KP KR KT	继电器 接触器	瞬时接触继电器 交流继电器接触器 中间继电器 极化继电器 簧片继电器 延时有或无继电器	T	TA TC TM TV	变压器	电流互感器 电源变压器 电力变压器 电压互感器
				X	XP XS XT	端子、插头、插座	插头 插座 端子板
P	PA PJ PS PV PT	测量设备 试验设备	电流表电度表记录仪器电压表时钟、操作时间表	Y	YA YV YB	电气操作的机械器件	电磁铁 电磁阀 电磁离合器

表 B2　常用的电气图形符号

名称	GB/T 4728—1996—2000 图形符号	名称	GB/T 4728—1996—2000 图形符号	名称	GB/T 4728—1996—2000 图形符号
直流电		带铁芯的电感器		滑动(滚动)连接器	
交流电		电阻器一般符号		电容器一般符号	
正、负	+ −	可变(可调)电阻器		PNP 晶体管	
三角形连接的三相绕组		滑动触电电位器		NPN 晶体管	
星形连接的三相绕组		接触器线圈		极性电容器	
导线		指示灯、信号灯等一般符号		电感器、线圈绕组、扼流器	
三根导线	3	熔断器		缓慢吸合继电器线圈	
导线连接		电磁铁		继电器常闭触点	
端子	○	电铃		继电器常开触点	
端子板		蜂鸣器		接触器常开主触点	
接地		二极管		接触器常闭主触点	
插座		晶闸管		热继电器	
插头		稳压二极管		停止按钮	

附录 C　维修电工国家职业标准

◆**职业概况**

1.职业名称

维修电工。

2.职业定义

从事机械设备和电气系统电路及器件等的安装、调试与维护、修理的人员。

3.职业等级

本职业共设五个等级,分别为:初级(国家职业资格五级)、中级(国家职业资格四级)、高级(国家职业资格三级)、技师(国家职业资格二级)、高级技师(国家职业资格一级)。

4.职业环境

室内,室外。

5.职业能力特征

具有一定的学习、理解、观察、判断、推理和计算能力,手指、手臂灵活,动作协调,并能高空作业。

6.基本文化程度

初中毕业。

7.培训要求

1)培训期限

全日制职业学校教育,根据其培养目标和教学计划确定。晋级培训期限:初级不少于500标准学时;中级不少于400标准学时;高级不少于300标准学时;技师不少于300标准学时;高级技师不少于200标准学时。

2)培训教师

培训初、中、高级维修电工的教师应具有本职业技师以上职业资格证书或相关专业中、高级专业技术职务任职资格;培训技师和高级技师的教师应具有本职业高级技师职业资格证书2年以上或相关专业高级专业技术职务任职资格。

3)培训场地设备

标准教室及具备必要实验设备的实践场所和所需的测试仪表及工具。

8.鉴定要求

1)适用对象

从事或准备从事本职业的人员。

2)申报条件

——初级电工(具备以下条件之一者)

(1)经本职业初级正规培训达规定标准学时数,并取得毕(结)业证书。

(2)在本职业连续见习工作3年以上。

(3)本职业学徒期满。

——中级电工(具备以下条件之一者)

(1)取得本职业初级职业资格证书后,连续从事本职业工作3年以上,经本职业中级正规培训达规定标准学时数,并取得毕(结)业证书。

(2)取得本职业初级资格证书后,连续从事本职业工作5年以上。

(3)连续从事本职业工作7年以上。

(4)取得经劳动保障行政部门审核认定的、以中级技能为培养目标的中等以上职业学校本职业(专业)毕业证书。

——高级电工(具备以下条件之一者)

(1)取得本职业中级职业资格证书后,连续从事本职业工作4年以上,经本职业高级正规培训达规定标准学时数,并取得毕(结)业证书。

(2)取得本职业中级职业资格证书后,连续从事本职业工作8年以上。

(3)取得高级技工学校或经劳动保障行政部门审核认定的、以高级技能为培养目标的高等职业学校本职业(专业)毕业证书。

(4)取得本职业中级职业资格证书的大专以上本专业或相关专业毕业生,连续从事本职业工作3年以上。

——维修电工技师(具备以下条件之一者)

(1)取得本职业高级职业资格证书后,连续从事本职业工作5年以上,经本职业技师正规培训达规定标准学时数,并取得毕(结)业证书。

(2)取得本职业高级职业资格证书后,连续从事本职业工作10年以上。

(3)取得本职业高级职业资格证书的高级技工学校本职业(专业)毕业生和大专以上本专业或相关专业毕业生,连续从事本职业工作时间满2年。

——高级维修电工技师(具备以下条件之一者)

(1)取得本职业技师职业资格证书后,连续从事本职业工作3年以上,经本职业高级技师正规培训达规定标准学时数,并取得毕(结)业证书。

(2)取得本职业技师职业资格证书后,连续从事本职业工作5年以上。

3)鉴定方式

分为理论知识考试和技能操作考核。理论知识考试采用闭卷笔试方式,技能操作考核采用现场实际操作方式。理论知识考试和技能操作考核均实行百分制,成绩皆达60分以上者为合格。技师、高级技师鉴定还须进行综合评审。

4)考评人员与考生配比

理论知识考试考评人员与考生配比为1:15,每个标准教室不少于2名考评人员;技能操作考核考评员与考生配比为1:5,且不少于3名考评员。

5)鉴定时间

理论知识考试时间为120 min;技能操作考核时间为:初级不少于150 min,中级不少于150 min,高级不少于180 min,技师不少于200 min,高级技师不少于240 min;论文答辩时间不少于45 min。

6)鉴定场所设备

理论知识考试在标准教室进行,技能操作考核应在具备每人一套的待修样件及相应的检修设备、实验设备和仪表的场所里进行。

◆ 基本要求

1.职业道德

1)职业道德基本知识

2）职业守则

（1）遵守有关法律、法规和有关规定。

（2）爱岗敬业，具有高度的责任心。

（3）严格执行工作程序、工作规范、工艺文件和安全操作规程。

（4）工作认真负责，团结协作。

（5）爱护设备及工具、夹具、刀具、量具。

（6）着装整洁，符合规定；保持工作环境清洁有序，文明生产。

2. 基础知识

1）电工基础知识

（1）直流电与电磁的基本知识。

（2）交流电路的基本知识。

（3）常用变压器与异步电动机。

（4）常用低压电器。

（5）半导体二极管、晶体三级管和整流稳压电路。

（6）晶闸管基础知识。

（7）电工读图的基本知识。

（8）一般生产设备的基本电气控制电路。

（9）常用电工材料。

（10）常用工具（包括专用工具）、量具和仪表。

（11）供电和用电的一般知识。

（12）防护及登高用具等使用知识。

2）钳工基础知识

（1）锯削：手锯；锯削方法。

（2）锉削：锉刀；锉削方法。

（3）钻孔：钻头简介；钻头刃磨。

（4）手工加工螺纹：内螺纹的加工工具与加工方法；外螺纹的加工工具与加工方法。

（5）电动机的拆装知识：电动机常用轴承种类简介；电动机常用轴承的拆卸；电动机拆装方法。

3）安全文明生产与环境保护知识

（1）现场文明生产要求。

（2）环境保护知识。

（3）安全操作知识。

4）质量管理知识

（1）企业的质量方针。

（2）岗位的质量要求。

（3）岗位的质量保证措施与责任。

5）相关法律、法规知识

（1）劳动法相关知识。

（2）合同法相关知识。

◆工作要求

本标准对初级电工、中级电工、高级电工、电工技师、电工高级技师的技能要求依次递进，高级别包括低级别的要求，各级要求见以下各表所示。

1. 初级电工的技能要求

职业功能	工作内容	技能要求	相关知识
一、工作前准备	（一）劳动保护与安全文明生产	1. 能够正确准备个人劳动保护用品 2. 能够正确采用安全措施保护自己，保证工作安全	
	（二）工具、量具及仪器、仪表	能够根据工作内容合理选用工具、量具	常用工具、量具的用途和使用、维护方法
	（三）材料选用	能够根据工作内容正确选用材料	电工常用材料的种类、性能及用途
	（四）读图与分析	能够读懂 CA6140 车床、Z535 钻床、5 t 以下起重机等一般复杂程度机械设备的电气控制原理图及接线图	一般复杂程度机械设备的电气控制原理图、接线图的读图知识
二、装调与维修	（一）电气故障检修	1. 能够检查、排除动力和照明电路及接地系统的电气故障 2. 能够检查、排除 CA6140 车床、Z535 钻床等一般复杂程度机械设备的电气故障 3. 能够拆卸、检查、修复、装配、测试 30 kW 以下三相异步电动机和小型变压器 4. 能够检查、修复、测试常用低压电器	1. 动力、照明电路及接地系统的知识 2. 常见机械设备电气故障的检查、排除方法及维修工艺 3. 三相异步电动机和小型变压器的拆装方法及应用知识 4. 常用低压电器的检修及调试方法
	（二）配线与安装	1. 能够进行 19/0.82 以下多股铜导线的连接并恢复其绝缘 2. 能够进行直径 19 mm 以下的电线铁管煨弯、穿线等明、暗线的安装 3. 能够根据用电设备的性质和容量，选择常用电气元件及导线规格 4. 能够按图样要求进行一般复杂程度机械设备的主、控电路配电板的配线及整机的电气安装工作 5. 能够检验、调整速度继电器、温度继电器、压力继电器、热继电器等专用继电器 6. 能够焊接、安装、测试单相整流稳压电路和简单的放大电路	1. 电工操作技术与工艺知识机床配线、安装工艺知识 2. 机床配线、安装工艺知识 3. 电子电路基本原理及应用知识 4. 电子电路焊接、安装、测试工艺方法
	（三）调试	能够正确进行 CA6140 车床、Z535 钻床等一般复杂程度的机械设备或一般电路的试通电工作，能够合理应用预防和保护措施，达到控制要求，并记录相应的电参数	1. 电气系统的一般调试方法和步骤 2. 试验记录的基本知识

2. 中级电工的技能要求

职业功能	工作内容	技能要求	相关知识
一、工作前准备	(一) 工具、量具及仪器、仪表	能够根据工作内容正确选用仪器、仪表	常用电工仪器、仪表的种类、特点及适用范围
	(二) 读图与分析	能够读懂 X62 W 铣床、MGB1420 磨床等较复杂机械设备的电气控制原理图	1. 常用较复杂机械设备的电气控制电路图 2. 较复杂电气图的读图方法
二、装调与维修	(一) 电气故障检修	1. 能够正确使用示波器、电桥、晶体管图示仪 2. 能够正确分析、检修、排除 55 kW 以下的交流异步电动机、60 kW 以下的直流电动机及各种特种电机的故障 3. 能够正确分析、检修、排除交磁电机扩大机、X62 W 铣床、MGB1420 磨床等机械设备控制系统的电路及电气故障	1. 示波器、电桥、晶体管图示仪的使用方法及注意事项 2. 直流电动机及各种特种电机的构造、工作原理和使用与拆装方法 3. 交磁电机扩大机的构造、原理、使用方法及控制电路方面的知识 4. 单相晶闸管交流技术
	(二) 配线与安装	1. 能够按图样要求进行较复杂机械设备的主、控电路配电板的配线(包括选择电气元件、导线等),以及整台设备的电气安装工作 2. 能够按图样要求焊接晶闸管调速器、调功器电路,并用仪器、仪表进行测试	电线及电气元件的选用知识
	(三) 测绘	能够测绘一般复杂程度机械设备的电气部分	电气测绘基本方法
	(四) 调试	能够独立进行 X62 W 铣床、MGB1420 磨床等较复杂机械设备的通电工作,并能正确处理调试中出现的问题,经过测试、调整,最后达到控制要求	较复杂机械设备电气控制调试方法

3. 高级电工的技能要求

职业功能	工作内容	技能要求	相关知识
一、工作前准备	(一) 读图与分析	能够读懂经济型数控系统、中高频电源、三相晶闸控制系统等复杂机械设备控制系统和装置的电气控制原理图	1. 数控系统基本原理 2. 中高频电源电路基本原理

职业功能	工作内容	技能要求	相关知识
二、装调与维修	(一)电气故障检修	能够根据设备资料,排除 B2010 A 龙门刨床、经济型数控、中高频电源、三相晶闸管、可编程序控制器等机械设备控制系统及装置的电气故障	1.电力拖动及自动控制原理基本知识及应用知识 2.经济型数控机床的构成、特点及应用知识 3.中高频炉或淬火设备的工作特点及注意事项 4.三相晶闸管变流技术基础
	(二)配线与安装	能够按图样要求安装带有 80 点以下开关量输入输出的可编程序控制器的设备	可编程序控制器的控制原理、特点、注意事项及编程器的使用方法
	(三)测绘	1.能够测绘 X62 W 铣床等较复杂机械设备的电气原理图、接线图及电气元件明细表 2.能够测绘晶闸管触发电路等电子电路并绘出其原理图 3.能够测绘固定板、支架、轴、套、联轴器等机电装置的零件图及简单装配图	1.常用电子元器件的参数标识及常用单元电路 2.机械制图及公差配合知识 3.材料知识
	(四)调试	能够调试经济型数控系统等复杂机械设备及装置的电气控制系统,并达到说明书的电气技术要求	有关机械设备电气控制系统的说明书及相关技术资料
	(五)新技术应用	能够结合生产应用可编程序控制器改造较简单的继电器控制系统,编制逻辑运算程序,绘出相应的电路图,并应用于生产	1.逻辑代数、编码器、寄存器、触发器等数字电路的基本知识 2.计算机基本知识
	(六)工艺编制	能够编制一般机械设备的电气修理工艺	电气设备修理工艺知识及其编制方法
三、培训指导	指导操作	能够指导本职业初、中级工进行实际操作	指导操作的基本方法

4.维修电工技师的技能要求

职业功能	工作内容	技能要求	相关知识
一、工作前准备	读图与分析	1.能够读懂复杂设备及数控设备的电气系统原理图 2.能够借助词典读懂进口设备相关外文标牌及使用规范的内容	1.复杂设备及数控设备的读图方法 2.常用标牌及使用规范英汉对照表

职业功能	工作内容	技能要求	相关知识
二、装调与维修	(一)电气故障检修	1.能够根据设备资料,排除龙门刨 V5 系统、数控系统等复杂机械设备的电气故障 2.能够根据设备资料,排除复杂机械设备的气控系统、液控系统的电气故障	1.数控设备的结构、应用及编程知识 2.气控系统、液控系统的基本原理及识图、分析及排除故障的方法
	(二)配线与安装	能够安装大型复杂机械设备的电气系统和电气设备	具有可频器及可编程序控制器等复杂设备电气系统的配线与安装知识
	(三)测绘	1.能够测绘经济型数控机床等复杂机械设备的电气原理图、接线图 2.能够测绘具有双面印刷电路的电子电路板,并绘出其原理图	1.常用电子元器件、集成电器的功能,常用电路以及手册的查阅方法 2.机械传动、液压传动知识
	(四)调试	能够调试龙门刨 V5 系统等复杂机械设备的电气控制系统,并达到说明书的电气控制要求	1.计算机的接口电路基本知识 2.常用传感器的基本知识
	(五)新技术应用	能够推广、应用国内相关职业的新工艺、新技术、新材料、新设备	国内相关职业"四新"技术的应用知识
	(六)工艺编制	能够编制生产设备的电气系统及电气设备的大修工艺	机械设备电气系统及电气设备大修工艺的编制方法
	(七)设计	能够根据一般复杂程度的生产工艺要求,设计电气原理图、电气接线图	电气设计基本方法
三、培训指导	(一)指导操作	能够指导本职业初、中、高级工进行实际操作	培训教学基本方法
	(二)理论培训	能够讲授本专业技术理论知识	
四、管理	(一)质量管理	1.能够在本职工作中认真贯彻各项质量标准 2.能够应用全面质量管理知识,进行实际操作过程的质量分析与控制	1.相关质量标准 2.质量分析与控制方法
	(二)生产管理	1.能够组织有关人员协同作业 2.能够协助部门领导进行生产计划、调度及人员的管理	生产管理基本知识

5.高级维修电工技师的技能要求

职业功能	工作内容	技能要求	相关知识
一、工作前准备	读图与分析	1.能够读懂高速、精密设备及数控设备的电气系统原理图 2.能够借助词典读懂进口设备的图样及技术标准等相关主要外文资料	1.高速、精密设备及数控设备的读图方法 2.常用进口设备外文资料英汉对照表

职业功能	工作内容	技能要求	相关知识
二、装调与维修	（一）电气故障检修	1. 能够解决复杂设备电气故障中的疑难问题 2. 能够组织人员对设备的技术难点进行攻关 3. 能够协同各方面人员解决生产中出现的诸如设备与工艺、机械与电气、技术与管理等综合性的或边缘性的问题	1. 机械原理基本知识 2. 电气检测基本知识 3. 论断技术基本知识
	（二）测绘	能够对复杂设备的电气测绘制订整套方案和步骤，并指导相关人员实施	常见各种复杂电气的系统构成，各子系统或功能模块常见电路的组成形式、原理、性能和应用知识
	（三）调试	能够对电气调试中出现的各种疑难问题或意外情况提出解决问题的方案或措施	抗干扰技术的一般知识
	（四）新技术应用	能够推广、应用国内外相关职业的新工艺、新技术、新材料、新设备	国内外"四新"技术的应用知识
	（五）工艺编制	能够制订计算机数控系统的检修工艺	计算机数控系统、伺服系统、功率电子器件和电路的基本知识、电路的基本知识及修理工艺知识
	（六）设计	1. 能够根据较复杂的生产工艺及安全要求，独立设计电气原理图、电气接线图、电气施工图 2. 能够进行复杂设备系统改造方案的设计、选型	1. 较复杂生产设备电气设计的基本知识 2. 复杂设备系统改造方案设计、选型的基本知识
三、培训指导	（一）指导操作	能够指导本职业初、中、高级工和技师进行实际操作	培训讲义的编制方法
	（二）理论培训	能够对本职业初、中、高级工进行技术理论培训	

◆ **比重表**

1. 理论知识

项目		初级/%	中级/%	高级/%	技师/%	高级技师/%
基本要求	职业道德	5	5	5	5	5
	基础知识	22	17	14	10	10

		项目	初级/%	中级/%	高级/%	技师/%	高级技师/%
相关知识	一、工作前准备	劳动保护与安全文明生产	8	5	5	3	2
		工具、量具及仪器、仪表	4	5	4	3	2
		材料选用	5	3	3	2	2
		读图与分析	9	10	10	6	5
	二、装调与维修	电气故障检修	15	17	18	13	10
		配线与安装	20	22	18	5	3
		调试	12	13	13	10	7
		测绘	—	3	4	10	12
		新技术应用	—	—	2	9	12
		工艺编制	—	—	2	5	8
		设计	—	—	—	9	12
	三、培训指导	指导操作	—	—	2	2	2
		理论培训	—	—	—	2	2
	四、管理	质量管理	—	—	—	3	3
		生产管理	—	—	—	3	3
合计			100	100	100	100	100

2. 技能操作

		项目	初级/%	中级/%	高级/%	技师/%	高级技师/%
技能要求	一、工作前准备	劳动保护与安全文明生产	10	5	5	5	5
		工具、量具及仪器、仪表	5	10	8	5	2
		材料选用	10	5	2	2	2
		读图与分析	10	10	10	7	7
	二、装调与维修	电气故障检修	25	26	25	15	8
		配线与安装	25	24	15	2	2
		调试	15	18	19	10	5
		测绘	—	2	7	10	9
		新技术应用	—	—	3	13	20
		工艺编制	—	—	4	8	10
		设计	—	—	—	13	16
	三、培训指导	指导操作	—	—	2	2	4
		理论培训	—	—	—	2	4
	四、管理	质量管理	—	—	—	3	3
		生产管理	—	—	—	3	3
合计			100	100	100	100	100

注：中级以上"劳动保护与安全文明生产"与"材料选用"模块内容按初级标准考核；高级以上"工具量具及仪器、仪表"模块内容按中级标准考核；高级技师"管理"模块内容按技师标准考核。

附录 D　中级维修电工技能鉴定练习题

一、填空题

1. 时间继电器的文字符号是_____，速度继电器的文字符号是_____。

2. 星形－三角形启动，在星形启动过程中各相绕组的电压是额定电压的_____倍，转矩是额定转矩的_____倍，星形启动的线电流是三角形启动线电流的_____倍。

3. 异步电动机的转速表达式为_____，其中 n_0 为_____，s 为_____。

4. 鼠笼式异步电动机的常用降压启动方法有_____，_____，_____，_____。

5. 异步电动机的直接启动方法适用于功率为_____ kW 以下的电动机。

6. 行程开关的文字符号：_____，按钮的文字符号：_____。

7. 绕线式异步电动机常用的降压启动方法有_____和_____启动。

8. 无变压器单管能耗制动，使用于功率_____kW 以下的电动机。

二、选择题

1. 凡工作在交流电压（　　）及以下，或直流电压（　　）及以下电路中的电器称为低压电器。

A. 380 V　　　　　　B. 1 200 V　　　　　　C. 1 000 V　　　　　　D. 1 500 V

2. 继电器按工作原理分，以下不正确的是（　　）。

A. 电磁式继电器　　B. 电压继电器　　　C. 电动式继电器　　　D. 热继电器

3. 自动往返控制电路属于（　　）电路。

A. 正反转控制　　　B. 点动控制　　　　C. 自锁控制　　　　　D. 顺序控制

4. 三相异步电动机反接制动时，采用对称制电阻接法，可以在限制制动转矩的同时，也限制了（　　）。

A. 制动电流　　　　B. 启动电流　　　　C. 制动电压　　　　　D. 启动电压

5. 交流接触器的（　　）发热是主要的。

A. 线圈　　　　　　B. 铁芯　　　　　　C. 触头

6. 晶体管无触点位置开关与普通位置开关相比，在工作可靠性、寿命长短、适应工作环境性三方面性能（　　）。

A. 优　　　　　　　B. 差　　　　　　　C. 相同　　　　　　　D. 不规律。

7. 晶体管时间继电器按构成原理分为（　　）两类。

A. 电磁式和电动式　　　　　　　　　B. 整流式和感应式

C. 阻容式和数字式　　　　　　　　　D. 磁电式和电磁式

8. 由于电弧的存在将导致（　　）。

A. 电路分断时间加长　　　　　　　　B. 电路分断时间缩短

C. 电路分断时间不变

9. 机床电路中大多选用（　　）作为过载保护。

A. 热继电器　　　　B. 接触器　　　　　C. 熔断器　　　　　　D. 断路器

10. 按下复合按钮时（　　）。

A. 动断点先断开　　　　　　　　　　B. 动合点先闭合

C. 动断动合点同时动作

11. 在螺旋式熔断器的熔管内要填充石英砂,石英砂的作用是（　　）。

A. 灭弧　　　　　　　　　　　　　　B. 导电

C. 固定熔体使其不摇动绝缘

12. 晶体管功率继电器 BG_4、BG_5 型的电气原理框图由（　　）组成。

A. 输入部分、相敏电路、晶体管执行电路

B. 输入电路和执行电路

C. 电子管执行电路和相敏电路

D. 电子管输入电路和电子管输出电路

13. 检测各种金属,应选用（　　）型的接近开关。

A. 超声波　　　　　　　　　　　　　B. 永磁型和磁敏原件

C. 高频振荡　　　　　　　　　　　　D. 光电

14. 在延时精度要求不高、电源电压波动较大的场合,应使用（　　）时间继电器。

A. 空气阻尼式　　　B. 电动式　　　　C. 晶体管式

15. 下列电器中不能实现短路保护的是（　　）。

A. 熔断器　　　B. 热继电器　　　C. 空气开关　　　D. 过电流继电器

16. 时间继电器除具有延时触点外,还有（　　）触点。

A. 小电流　　　B. 大电流　　　C. 灭弧　　　D. 瞬时

17. 选择下列时间继电器的触头符号填在相应的括号内。

A.　　　　B.　　　　C.　　　　D.

通电延时闭合的触点为（　　）;断电延时闭合的触点为（　　）。

18. 当三相异步电动机启动时,输出转速为 0,其转差率为（　　）。

A. 1　　　　B. 0　　　　C. >1　　　　D. <1

19. 正转接触器的常闭触头串联在反转接触器线圈电路中,称为（　　）

A. 自锁　　　B. 电气互锁　　　C. 机械互锁　　　D. 限位保护

20. 热继电器补偿金属片的作用是（　　）

A. 欠压保护　　　B. 过载保护　　　C. 过电流保护　　　D. 消除温度的影响

21. 影响三相异步电动机电磁转距的因素是（　　）

A. 旋转磁场　　　B. 转子电流　　　C. 转子功率因素　　　D. A、B 和 C

22. 接触铭牌上的额定电压和额定电流是（　　）

A. 线圈的额定电压和额定电流　　　　B. 触头的额定电压和电流

C. 触头的额定电压和线圈的额定电流　　D. 线圈的额定电压和触头的额定电流

23. 检测不透过超声波的物质应选择工作原理为（　　）型的接近开关。

A. 超声波　　　B. 高频振荡　　　C. 光电　　　D. 永磁

155

24. 晶体管接近开关用量最多的是(　　)。

　　A. 电磁感应型　　　　B. 电容型　　　　　C. 光电型　　　　　D. 高频振荡型

25. 高压负荷开关的用途是(　　)。

　　A. 主要用来切断和闭合电路的额定电流

　　B. 用来切断短路故障电流

　　C. 用来切断空载电流

　　D. 既能切断负载电流又能切断故障电流

26. 三相异步电动机中,作为过载保护用的热继电器,至少有(　　)个发热元件串在主电路中。

　　A. 1　　　　　　　　　　　　　　　　B. 2

　　C. 3　　　　　　　　　　　　　　　　D. 视电动机功率大小而定

27. 在电动机的控制系统中,通过(　　)实现失压或欠压保护。

　　A. 电压继电器或接触器　　　　　　　B. 热继电器

　　C. 熔断器　　　　　　　　　　　　　D. 电流继电器

28. 三相异步电动机反接制动时的电流是(　　)倍电动机的额定电流。

　　A. 4～7　　　　　　　B. 8～14　　　　　C. 16～28　　　　　D. 12～21

29. 在三相交流异步电动机定子绕组中通入三相对称交流电,产生(　　)。

　　A. 恒定磁场　　　　　B. 脉冲磁场　　　　C. 合成磁场为零　　D. 旋转磁场

30. 大型电动机不允许直接启动的原因是(　　)。

　　A. 机械强度不够　　　　　　　　　　B. 电机升温过高

　　C. 启动过程太快　　　　　　　　　　D. 启动电流太大,对电网冲击大

31. 适用于电机容量较大且不允许频繁启动的降压启动方法是(　　)。

　　A. 星形－三角形　　　B. 自耦变压器　　　C. 定子串电阻　　　D. 延边三角形

32. 三相笼型异步电动机能耗制动是将正在运转的电动机从交流电源上切除后,(　　)。

　　A. 在定子绕组中串入电阻　　　　　　B. 在定子绕组中通入直流电流

　　C. 重新接入反相序电源　　　　　　　D. 以上说法都不正确

33. 采用星形－三角形降压启动的电动机,正常工作时定子绕组接成(　　)。

　　A. 三角形　　　　　　　　　　　　　B. 星形

　　C. 星形或三角形　　　　　　　　　　D. 定子绕组中间带抽头

34. 异步电动机在正常旋转时,其转速(　　)。

　　A. 低于同步转速　　　　　　　　　　B. 高于同步转速

　　C. 等于同步转速　　　　　　　　　　D. 和同步转速没有关系

35. 用来表明电机、电器实际位置的图是(　　)。

　　A. 电气原理图　　　　B. 电器布置图　　　C. 功能图　　　　　D. 电气系统图

36. 高压断路器可以(　　)。

　　A. 切断空载电流

　　B. 控制分断或接通正常负荷电流

　　C. 切换正常负荷又可以切除故障,同时还具有控制和保护双重任务

D. 接通或断开电路空载电流,但严禁带负荷拉闸

37. 户外多油断路器 DW7 – 10 检修后作交流耐压试验时合闸状态试验合格,分闸状态在升压过程中却出现"噼啪"声,电路跳闸击穿的原因是(　　　)。

　　A. 支柱绝缘子破损　　　B. 油质含有水分　　　　C. 拉杆绝缘受潮　　　　D. 油箱有脏污

38. 电压互感器可采用户内或户外式电压互感器,通常电压在(　　　)kV 以下的制成户内式。

　　A. 10　　　　　　　　　　B. 20　　　　　　　　　C. 35　　　　　　　　　　D. 6

39. 额定电压 10 kV 的 JDZ – 10 型电压互感器,在进行交流耐压试验时,产品合格,但在试验后被击穿,其击穿原因是(　　　)。

　　A. 绝缘受潮　　　　　　　　　　　　　　　B. 互感器表面脏污

　　C. 环氧树脂浇注质量不合格　　　　　　　　D. 试验结束,实验者忘记降压就拉闸断电

40. 通电延时时间继电器,它的动作情况是(　　　)

　　A. 线圈通电时触点延时动作,断电时触点瞬时动作

　　B. 线圈通电时触点瞬时动作,断电时触点延时动作

　　C. 线圈通电时触点不动作,断电时触点瞬时动作

　　D. 线圈通电时触点不动作,断电时触点延时动作

41. 在多处控制原则中,启动按钮应____,停车按钮应_____。(　　　)

　　A. 并联　串联　　　　B. 串联　并联　　　　C. 并联　并联　　　　D. 串联　串联

42. 螺旋式熔断器与金属螺纹壳相连的接线端应与(　　　)相连。

　　A. 负载　　　　　　　　B. 电源　　　　　　　　C 负载或电源

43. 互锁控制电路中的互锁接点通常用相应的常(　　　)接点担任。

　　A. 开　　　　　　　　　B. 闭　　　　　　　　　C. 主　　　　　　　　　D. 辅助

44. 在下图符号中,表示断电延时型时间继电器触头的是(　　　)。

A.　　　　　　　B.　　　　　　　C.　　　　　　　D.

45. 三相异步电动机 Y – △降压启动时,其启动转矩是全压启动转矩的(　　　)倍。

　　A. $\frac{1}{3}$　　　　　　　B. $\frac{1}{\sqrt{3}}$　　　　　　　C. $\frac{1}{2}$　　　　　　　D. 不能确定

46. 异步电动机运行时,若转轴上所带的机械负载愈大则转差率(　　　)。

　　A. 愈大　　　　　　　　　　　　　　B. 愈小

　　C. 基本不变　　　　　　　　　　　　D. 在临界转差率范围内愈大

47. 选择下列时间继电器的触头符号填在相应的括号内。

通电延时的触点为(　　　);

断电延时的触点为(　　　)。

A　　　　　　B

48. 大型异步电动机不允许直接启动,其原因是(　　　)

A. 机械强度不够 　　　　　　　　　　　B. 电机温升过高

C. 启动过程太快 　　　　　　　　　　　D. 对电网冲击太大

49. 高压负荷开关交流耐压试验的目的是(　　)。

A. 可以准确测出开关绝缘电阻值

B. 可以准确考验负荷开关操作部分的灵活性

C. 可以更有效地切断短路故障电流

D. 可以准确检验负荷开关的绝缘强度

50. 高压 10 kV 及以下隔离开关交流耐压试验的目的是(　　)。

A. 可以准确地测出隔离开关的绝缘电阻值

B. 可以准确地考验隔离开关的绝缘强度

C. 使高压隔离开关操作部分更灵活

D. 可以更有效地控制电路分合状态

51. 额定电压 10 kV 互感器交流耐压试验的目的是(　　)。

A. 提高互感器的准确度 　　　　　　　B. 提高互感器容量

C. 提高互感器绝缘强度 　　　　　　　D. 准确考验互感器绝缘强度

52. 运行中 FN1 – 10 型高压负荷开关在检修时,使用 2 500 VMΩ 表,测得的绝缘电阻值应不小于(　　)MΩ。

A. 200 　　　　　　B. 300 　　　　　　C. 500 　　　　　　D. 800

53. 频敏变阻器启动控制的优点是(　　)。

A. 启动转矩平稳,电流冲击大 　　　　B. 启动转矩大,电流冲击大

C. 启动转矩平稳,电流冲击小 　　　　D. 启动转矩小,电流冲击大

54. 一单相绕组双速电动机,绕组接线如右图所示,高速时端子该如何接(　　)。

A. 1、2、3 接电源,4、5、6 空着

B. 1、2、3 接电源,4、5、6 短接

C. 4、5、6 接电源,1、2、3 空着

D. 4、5、6 接电源,1、2、3 短接

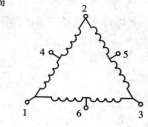

55. 下列哪个控制电路能正常工作。(　　)

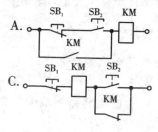

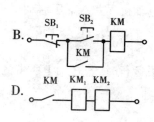

56. 低压断路器(　　)。

A. 有短路保护,有过载保护 　　　　　B. 有短路保护,无过载保护

C. 无短路保护,有过载保护 　　　　　D. 无短路保护,无过载保护

57. 三相异步电动机转子的旋转是受( )拖动而转动的。

　　A. 电流　　　　　　B. 电压　　　　　　C. 输入功率　　　　D. 定子旋转磁场

58. 空气阻尼式时间继电器断电延时型与通电延时型的原理相同,只是将( )翻转180°安装,通电延时型即变为断电延时型。

　　A. 触头　　　　　　B. 线圈　　　　　　C. 电磁机构　　　　D. 衔铁

59. 改变三相异步电动机的电源相序是为了使电动机( )。

　　A. 改变旋转方向　　B. 改变转速　　　　C. 改变功率　　　　D. 降压启动

60. 在正反转和行程控制电路中,各个接触器的常闭触点互相串联在对方接触器线圈电路中,其目的是为了( )。

　　A. 保证两个接触器不能同时动作　　　　B. 能灵活控制电机正反转运行

　　C. 保证两个接触器可靠工作　　　　　　D. 起自锁作用

61. 对 SN3 – 10G 型户内少油断路器进行交流耐压试验时,在刚加试验电压 15 kV 时即出现绝缘拉杆有闪烁放电,造成击穿,其原因是( )。

　　A. 绝缘油不合格　　　　　　　　　　　B. 支柱绝缘子有脏污

　　C. 绝缘拉杆受潮　　　　　　　　　　　D. 周围湿度过大

62. 额定电压 10 kV 的高压断路器和高压负荷开关在交流耐压试验时,标准电压值均为( )kV。

　　A. 5　　　　　　　　B. 2　　　　　　　C. 1　　　　　　　　D. 3

63. 高压负荷开关交流耐压试验是指( )对外壳的工频交流耐压试验。

　　A. 初级线圈　　　　　　　　　　　　　B. 次级线圈

　　C. 瓷套管　　　　　　　　　　　　　　D. 线圈连同套管一起

64. 三相笼型异步电动机能耗制动是将正在运转的电动机从交流电源上切除后,( )。

　　A. 在定子绕组中串入电阻　　　　　　　B. 在定子绕组中通入直流电流

　　C. 重新接入反相序电源　　　　　　　　D. 以上说法都不正确

65. 下列四台三相鼠笼式异步电动机的铭牌标记,( )台可以采用星形 – 三角形换接启动。

　　A. 380 V,D 接线　　　　　　　　　　　B. 380 V,Y 接线

　　C. 380/660 V,D、Y 接线　　　　　　　D. 220/380 V,D、Y 接线

66. 起重机械上被广泛采用的制动是( )。

　　A. 反接制动　　　　　　　　　　　　　B. 能耗制动

　　C. 电磁抱闸制动器通电制动　　　　　　D. 电磁抱闸制动器断电制动

67. 下列改变异步电动机转速的方法中,错误的是( )。

　　A. 改变电源频率　　　　　　　　　　　B. 减小电动机体积

　　C. 改变转差率　　　　　　　　　　　　D. 改变磁极对数

68. 对于交流电机,下列方法属于变转差率调速的是( )。

　　A. 改变电源频率　　　　　　　　　　　B. 改变定子绕组的极对数

　　C. 转子回路中串入可调电阻　　　　　　D. 改变电源电压

69. 异步电动机的机械特性曲线,当电源电压下降时,T_{max} 及 S_m 将分别( )。

A. 不变,不变   B. 不变,减小   C. 减小,不变   D. 减小,减小

70. 下列异步电动机的制动方法中( )制动最强烈。

A. 能耗   B. 回馈   C. 倒拉反接   D. 电源反接

71. 三相异步电动机采用 Y/△ 启动时,下列描绘中( )是错误的。

A. 正常运行时作△接法   B. 启动时作 Y 接法

C. 可以减小启动电流   D. 适合要求重载启动的场合

72. 高压 10 kV 互感器的交流耐压试验是指( )对外壳的工频交流耐压试验。

A. 初级线圈   B. 次级线圈

C. 瓷套管   D. 线圈连同套管一起

73. 对 FN1 – 10 型户内高压负荷开关进行交流耐压试验时被击穿,其原因是( ).

A. 支柱绝缘子破损,绝缘拉杆受潮   B. 周围环境湿度减小

C. 开关动静触头接触不良   D. 灭弧室功能完好

74. 高压隔绝开关在进行交流耐压实验时,实验合格后,应在 5 s 内均匀地降到电压实验值的( )% 以下,电压至零后拉开刀闸,将被试品接地放电。

A. 10   B. 40   C. 50   D. 25

75. 对电流互感器进行交流耐压试验时,若被试品合格,试验结束应在 5 s 内均匀地降到电压试验值的( )% 以下,电压至零后,拉开刀闸。

A. 10   B. 40   C. 50   D. 25

76. 电机的反接制动和能耗制动控制电路中,通常优先考虑分别采用(依次)( )进行控制。

A. 时间原则,时间原则   B. 时间原则,速度原则

C. 速度原则,速度原则   D. 速度原则,时间原则

77. 某三相电动机的额定值如下:功率 10 kW,转速 1 420 r/min,效率 88%,电压 380 V,则额定电流为( )。

A. 26. 3 A   B. 17. 2 A

C. 18. 4 A   D. 缺少条件,A、B、C 答案都不对

78. 高压 10 kV 断路器经大修后做交流耐压试验,应通过工频试验,变压器加( )kV 的试验电压。

A. 15   B. 38   C. 42   D. 20

79. FN3 – 10/400 型户内高压压气式负荷开关进行交流耐压试验时,升压过程中发现支柱绝缘子闪烁跳闸击穿,其击穿原因是( )。

A. 拉杆受潮   B. 支柱绝缘子破损   C. 触头脏污   D. 空气湿度增大

80. 对 GN5 – 10 型户内高压隔离开关进行交流耐压试验时,在升压过程中发现在绝缘拉杆处有闪烁放电,造成跳闸击穿,其击穿原因是( )。

A. 绝缘拉杆受潮   B. 支柱瓷瓶良好

C. 动静触头脏污   D. 环境湿度增加

81. 灭弧装置的作用是( )。

A. 引出灭弧   B. 熄灭电弧   C. 方便电弧分段   D. 使电弧产生磁力

82. 三相鼠笼式异步电动机直接启动电流过大,一般可达额定电流的(　　)倍。

　　A. 2 ~ 3　　　　　　　B. 3 ~ 4　　　　　　C. 4 ~ 7　　　　　　D. 10

83. 起重机上采用电磁抱闸制动的原理是(　　)。

　　A. 电力制动　　　　　B. 反接制动　　　　　C. 能耗制动　　　　　D. 机械制动

84. 接近开关比普通位置开关更适用于操作频率(　　)的场合。

　　A. 极低　　　　　　　B. 低　　　　　　　　C. 中等　　　　　　　D. 高

85. 磁吹式灭弧装置的磁吹灭弧能力与电弧电流的大小关系是(　　)。

　　A. 电弧电流越大,磁吹灭弧能力越小　　　　　B. 无关

　　C. 电弧电流越大,磁吹灭弧能力越强　　　　　D. 没有固定规律

86. 陶土金属栅片灭弧罩灭弧利用(　　)的原理。

　　A. 窄缝冷却电弧　　　　　　　　　　　　　　B. 电动力灭弧

　　C. 铜片易到点,易散热　　　　　　　　　　　D. 串联短弧降压和去离子栅片灭弧

87. 电压继电器的线圈与电流继电器的线圈相比,具有的特点是(　　)。

　　A. 电压继电器的线圈与被测电路串联

　　B. 电压继电器的线圈匝数多,导线细,电阻大

　　C. 电压继电器的线圈匝数少,导线粗,电阻小

　　D. 电压继电器的线圈工作时无电流

88. 三相异步电动机既不增加启动设备,又能适当增加启动转矩的一种降压启动方法是(　　)

　　A. 定子串电阻降压启动　　　　　　　　　　　B. 定子串自耦变压器降压启动

　　C. 星形 – 三角形降压启动　　　　　　　　　　D. 延边三角形降压启动

89. 对启动时间较长,拖动冲击性负载或不允许停车的电动机,热元件的整定电流应调节到电动机额定电流的(　　)倍。

　　A. 0. 6 ~ 0. 8　　　　B. 1. 0 ~ 1. 1　　　　C. 1. 1 ~ 1. 15　　　　D. 1. 2 ~ 1. 25

90. 低压电器产生直流电弧从燃烧到熄灭是一个暂态过程,往往会出现(　　)现象。

　　A. 过电流　　　　　　B. 欠电流　　　　　　C. 过电压　　　　　　D. 欠电压

91. 直流电器灭弧装置多采用(　　)。

　　A. 陶土灭弧罩　　　　　　　　　　　　　　　B. 金属栅片灭弧罩

　　C. 封闭式灭弧室　　　　　　　　　　　　　　D. 串联磁吹式灭弧装置

92. 通常规定,电源变压器(　　)以上,电动机(　　)以下可采用直接启动。

　　A. 180 kVA　　　　　B. 110 kVA　　　　　C. 10 kW　　　　　　D. 7 kW

93. 三相绕线型异步电动机可逆运转并要求迅速反向时,一般采用(　　)

　　A. 能耗制动　　　　　B. 反接制动　　　　　C. 机械抱闸制动　　　D. 再生发电制动

94. 下列电器中不能实现短路保护的是(　　)

　　A. 熔断器　　　　　　B. 过电流继电器　　　C. 热继电器　　　　　D. 低压断路器

95. 把运行中的异步电动机三相定子绕组出线端的任意两相电源接线对调,电动机的运行状态变为(　　)。

　　A. 反接制动　　　　　B. 反转运行　　　　　C. 先是反接制动随后是反转运行

96. 下列低压电器中属于保护电器的是(　　　)。
   A. 刀开关　　　　　B. 接触器　　　　　C. 熔断器　　　　　D. 按钮

97. 交流接触器由 4 部分组成,下面哪个部分是错误的?(　　　)
   A. 电磁系统　　　B. 触点系统　　　C. 整定调整系统　　D. 灭弧装置

98. 转子绕组串电阻启动适用于(　　　)。
   A. 鼠笼式异步电动机　　　　　　　　B. 绕线式异步电动机
   C. 串励直流电动机　　　　　　　　　D. 并励直流电动机

99. 星形 – 三角形启动时,启动时先把它改接成星形,使加在绕组上的电压降低到额定值的(　　　)。

   A. 1/2　　　　　　B. 1/3　　　　　　C. $1/\sqrt{3}$　　　　D. 以上都不是。

100. CJ20 系列交流接触器是全国统一设计的新型接触器,容量从 6.3 ~ 25 A 的采用(　　　)灭弧罩的形式。
   A. 纵缝灭弧室　　　B. 栅片式　　　　C. 陶土　　　　　D. 不带

101. 交流接触器在检修时,发现短路环损坏,该接触器(　　　)使用。
   A. 能继续　　　　　　　　　　　B. 不能继续
   C. 在额定电流下可以　　　　　　D. 不影响

102. 接触器有多个主触头,动作要保持一致。检修时根据检修标准,接通后各触头相差距离应在(　　　)之内。
   A. 1 mm　　　　　B. 2 mm　　　　　C. 0.5 mm　　　　D. 3 mm

103. 更换或修理各种继电器时,其型号、规格、容量、线圈电压及技术指导,应与原图纸要求(　　　)。
   A. 稍有不同　　　B. 相同　　　　　C. 可以不同　　　　D. 随意确定

104. RW3 – 10 型户外高压熔断器作为小容量变压器的短路保护,其绝缘瓷支柱应选用额定电压为(　　　)V 的兆欧表进行绝缘电阻遥测。
   A. 500　　　　　B. 1 000　　　　　C. 2 500　　　　　D. 250

三、判断题

1. 电路图是根据生产机械运动形式对电气控制系统的要求,采用国家统一规定的电气图形符号和文字符号,按照电气设备的工作顺序,详细表示电路、设备或成套装置的全部基本组成和连接关系的一种简图。(　　　)

2. 电路图中,不画电气元件的实际外形图,而采用国家统一规定的电气图形符号。(　　　)

3. 接线图是根据电气设备和电气元件的理想位置和安装情况绘制的,用来表示电气设备和电气元件的位置、配线方式和接线方式的图形。(　　　)

4. 负荷开关应水平安装在控制屏或开关板上使用。(　　　)

5. 紧急式按钮表示紧急操作,按钮上装有蘑菇形钮帽,颜色为红色,一般安装在操作台(控制柜)明显位置上。(　　　)

6. 继电器触头容量很小,一般 5 A 以下的属于小电流电器。(　　　)

7. 接触器触头为了保持良好接触,允许涂以质地优良的润滑油。(　　　)

8. 接触器为保证触头磨损后仍能保持可靠地接触,应保持一定数值的超程。(　　)

9. 接近开关作为位置开关,由于精度高,只适用于操作频繁的设备。(　　)

10. 接近开关功能用途除行程控制和限位保护外,还可以检测金属的存在、高数计数、测速定位变换运动方向、检测零件尺寸、液面控制及用作无触点按钮等。(　　)

11. 熔断器是一种广泛应用的最简单有效的保护电器。常在低压电路和电动机控制电路中起过载保护。(　　)

12. 接触器适用于远距离频繁接通和切断电动机或其他负载主电路,由于具备低电压释放功能,所以还当作保护电器使用。(　　)

13. 热继电器是一种利用流过继电器的电流所产生的热效应而反时限动作的保护电器,它主要用作电动机的过载保护和短路保护。(　　)

14. 当改变通入电动机定子绕组的三相电源相序,即把接入电动机三相电源进线中的三根线对调接线时,电动机就可以反转。(　　)

15. 要求几台电动机的启动或停止必须按一定的先后顺序来完成的控制方式,是电动机的顺序控制。(　　)

16. 晶体管时间继电器也称为半导体时间继电器或称电子式时间继电器,是自动控制系统的重要元件。(　　)

17. 高压断路器是供电系统中最重要的控制和保护电器。(　　)

18. 高压断路器交流工频耐压试验是保证电器设备耐电强度的基本实验,属于破坏性试验的一种。(　　)

19. 直流耐压试验比交流耐压试验更容易发现高压断路器的绝缘缺陷。(　　)

20. 利用隔离开关端口的可靠绝缘能力,使需要检修的高压设备或高压电路未带电的设备与带电电路隔开,造成一个明显的断开点,以保证工作人员安全地检修。(　　)

21. 速度继电器在电路中的作用主要是扩展控制触点数和增加触点容量。(　　)

22. 直接启动也称全压启动,这种方法是在定子绕组上直接加上额定电压来启动的,设备简单,操作便利,启动过程短,可以都采用这种方法启动。(　　)

23. 降压启动是指利用启动设备将电压适当降低后加到电动机的定子绕组上进行启动,并运转工作。(　　)

24. Y - △启动,使加在绕组上的电压降低到额定值的 $1/\sqrt{3}$,因而 M_{st} 减小,启动电流为△形接法的 2/3。(　　)

25. 延边三角形降压启动:延边三角形降压启动时,把定子绕组的一部分接成"△",另一部分接成"Y",使整个绕组接成延边三角形。(　　)

26. 高压隔离开关,实质上就是能耐高电压的闸刀开关,没有专门的灭弧装置,所以只有微弱的灭弧能力。(　　)

27. 交流耐压试验对隔离开关来讲是检验隔离开关绝缘强度最严格、最直接、最有效的试验方法。(　　)

28. 额定电压 10 kV 的隔离开关,大修后进行交流耐压试验,其实验电压标准为 10 kV。(　　)

29. 隔离开关作交流耐压试验应先进行基本试验,如合格再进行交流耐压试验。(　　)

30. 型号为 FW4－10/200 的户外负荷开关,额定电压 10 kV,额定电流 10 A,主要用于 10 kV 电力系统,在规定负荷电流下接通和切断电路。(　　)

31. 高压 10kV 负荷开关,经 1 000 伏兆表测得绝缘电阻不少于 1 000 MΩ,才可以作交流耐压试验。(　　)

32. 互感器是电力系统中变换电压或电流的重要原件,其工作可靠性对整个电力系统具有重要意义。(　　)

33. 高压互感器分高压电压互感器和高压电流互感器两大类。(　　)

34. 电弧是一种气体放电的特殊形式。(　　)

35. 磁吹式灭弧装置灭弧是交流电器最有效的灭弧方法。(　　)

36. 制动就是给电动机一个与转动电压相反的电压使它迅速停转。(　　)

37. 速度继电器是用来反映转速与转向变化的继电器。它可以按照被控电动机转速的大小使控制电路接通或断开的电器。(　　)

38. 使电动机在切断电源停转的过程中,产生一个和电动机实际旋转方向相反的电磁力矩,迫使电动机迅速制动停转的方法叫电力制动。(　　)

39. 反接制动时,转子绕组中感生电流很大,致使定子绕组的电流很大,一般约为电动机额定电流的 4 倍左右。(　　)

40. 当电动机切断交流电源后,立即在定子绕组的任意两相中输入相反的交流电,迫使电动机迅速停转的方法叫能耗制动(动能制动)。(　　)

41. 三相异步电动机正反转控制电路,采用接触器联锁最可靠。(　　)

42. 反接制动由于制动时对电动机产生的冲击比较大,因此应串入限流电阻,而且仅用于小功率异步电动机。(　　)

43. 同步电动机停车时,如需进行电力制动,最常用的方法是能耗制动。(　　)

44. 同步电动机能耗制动停车时,不需另外的直流电源设备。(　　)

45. 在直流发电机－直流电动机自动调速系统中,直流发电机能够把励磁绕组输入的较小电信号转换成强功率信号。(　　)

46. 直流发电机－直流电动机自动调速系统必须用启动变阻器来限制启动电流。(　　)

四、简答题

1. 低压电器的分类有哪几种?
2. 什么是电气原理图和安装接线图? 它们的作用是什么?
3. 交流接触器线圈断电后,动铁芯不能立即释放,电动机不能立即停止,原因是什么?
4. 常用的低压电器有哪些? 它们在电路中起何种保护作用?
5. 在电动机主电路中装有熔断器,为什么还要装热继电器?
6. 为什么电动机应具有零电压、欠电压保护?
7. 什么叫自锁、互锁? 如何实现?
8. 在正、反转控制电路中,为什么要采用双重互锁?
9. 三相笼型异步电动机常用的降压启动方法有几种?
10. 鼠笼异步电动机降压启动的目的是什么? 重载时宜采用降压启动吗?
11. 三相笼型异步电动机常用的制动方法有几种?

12．装有热继电器是否就可以不装熔断器？为什么？

13．电弧是怎么产生的？常用的灭弧方法有哪几种？

14．什么是失压、欠压保护？哪些电器可以实现欠压和失压保护？

15．在 X62 W 万能铣床电路中，电磁离合器 YA 的作用是什么？

16．继电器的继电特性指的是什么？

17．电动机的启动电流很大，当电动机启动时，热继电器会不会动作，为什么？

18．在 X62 W 万能铣床电路中，主轴变速能否在主轴停止时或主轴旋转时进行，为什么？

19．提升机构电动机的转子有一段常串电阻，有何作用？

五、综合题

1．试设计对一台电动机可以进行两处操作的长动和点动控制电路。

2．某机床主轴和润滑油泵各由一台电动机带动，试设计其控制电路，要求主轴必须在油泵开动后才能开动，主轴能正、反转并可单独停车，有短路、失压和过载保护。

3．设计一个控制电路，要求第一台电动机启动 10 s 后，第二台电动机自动启动，运行 20 s 后，两台电动机同时停转。

4．用继电接触器设计 3 台交流电机相隔 3 s 顺序启动、同时停止的控制电路。

5．画出一台电动机启动后经过一段时间，另一台电动机就能自行启动的控制电路。

6．画出两台电机能同时启动和同时停止，并能分别启动和分别停止的控制电路原理图。

7．某生产机械要求由 M_1、M_2 两台电动机拖动，M_2 能在 M_1 启动一段时间后自行启动，但 M_1、M_2 可单独控制启动和停止。

8．根据电路完成题目。

(1)什么是低压电器？按动作方式不同，低压电器可分几类？结合题 8 所给电路图说明。

(2)该电路具有什么功能？

(3)画出接线图。

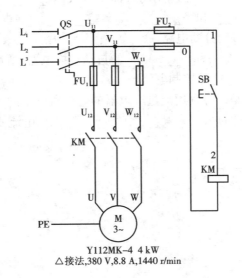

题 8 图

9. 根据以下电路完成题目。

（1）QS 是＿＿＿＿＿＿，又称＿＿＿＿＿＿，作为控制电器，常用于交流＿＿＿＿＿＿以下，直流 220 V 以下的电气电路中，手动＿＿＿＿＿＿接通或分断电路。

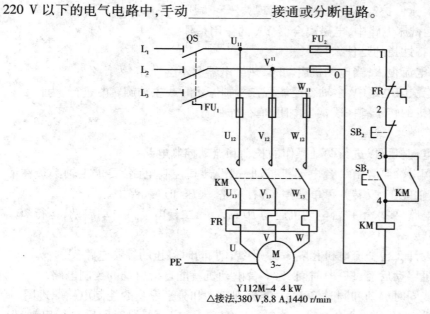

Y112M–4 4 kW
△接法，380 V，8.8 A，1440 r/min

题 9 图

（2）SB 是＿＿＿＿＿＿，一般由＿＿＿＿＿＿、＿＿＿＿＿＿、＿＿＿＿＿＿、＿＿＿＿＿＿和外壳等组成。

（3）FU 是＿＿＿＿＿＿，是一种广泛应用的最简单有效的＿＿＿＿＿＿。常在低压电路和电动机控制电路中起＿＿＿＿＿＿和＿＿＿＿＿＿。它＿＿＿＿＿＿在电路中，当通过的电流大于规定值时，使＿＿＿＿＿＿熔化而自动分断电路。

（4）KM 是＿＿＿＿＿＿，是一种＿＿＿＿＿＿的自动切换电器，适用于＿＿＿＿＿＿地接通或断开交直流主电路及＿＿＿＿＿＿的控制电路。

（5）FR 是＿＿＿＿＿＿，是一种利用流过继电器的电流所产生的＿＿＿＿＿＿而反时限动作的保护电器，它主要用作电动机的＿＿＿＿＿＿、＿＿＿＿＿＿、电流不平衡运行及其他电气设备＿＿＿＿＿＿的控制。

（6）KM$_{(3-4)}$ 的作用是＿＿＿＿＿＿。

（7）画出接线图

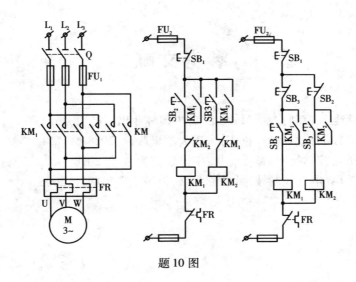

题 10 图

10. 根据电路完成题目。

（1）什么叫联锁控制？在电动机正反转控制电路中为什么必须要联锁控制？比较电路图中两种不同联锁正反转控制电路的优缺点。

（2）交流接触器的主要组成部分是什么？简述交流接触器的工作原理,接触器如何正确使用？

（3）热继电器的主要结构是什么？简述热继电器的选用方法。

参考文献

[1]　张万奎.机床电气控制技术[M]. 北京:中国林业出版社,2006.

[2]　李崇华.电气控制技术[M].重庆:重庆大学出版社,2008.

[3]　姚永刚.电机与控制技术[M].北京:中国铁道出版社,2010.

[4]　齐占庆,王振臣.电气控制技术[M].北京:机械工业出版社,2006